U0510689

　　本成果受到中国人民大学 2021 年度"中央高校建设世界一流大学（学科）和特色发展引导专项资金"支持。

人大哲学文丛

第二辑

Understanding Collective Responsibility: From an Analytic Perspective

理解集体责任

当代分析哲学视角

田 洁 / 著

中国社会科学出版社

图书在版编目(CIP)数据

理解集体责任：当代分析哲学视角／田洁著. —
北京：中国社会科学出版社，2021.5
（人大哲学文丛）
ISBN 978 – 7 – 5203 – 8168 – 0

Ⅰ.①理…　Ⅱ.①田…　Ⅲ.①集体—责任感—研究
Ⅳ.①B822.2

中国版本图书馆 CIP 数据核字（2021）第 054966 号

出　版　人	赵剑英
责任编辑	朱华彬
责任校对	张爱华
责任印制	张雪娇

出　　版	中国社会科学出版社
社　　址	北京鼓楼西大街甲 158 号
邮　　编	100720
网　　址	http://www.csspw.cn
发　行　部	010 – 84083685
门　市　部	010 – 84029450
经　　销	新华书店及其他书店

印刷装订	北京市十月印刷有限公司
版　　次	2021 年 5 月第 1 版
印　　次	2021 年 5 月第 1 次印刷

开　　本	650×960　1/16
印　　张	13
插　　页	2
字　　数	166 千字
定　　价	78.00 元

凡购买中国社会科学出版社图书，如有质量问题请与本社营销中心联系调换
电话：010 – 84083683
版权所有　侵权必究

中国人民大学哲学文丛编委会

编委会主任：郝立新
编委会顾问：陈先达　张立文　刘大椿　郭　湛
编委会成员（以姓氏笔画为序）：

马俊峰　王宇洁　王伯鲁　牛宏宝

刘晓力　刘敬鲁　李秋零　李　萍

张文喜　张风雷　张志伟　罗安宪

段忠桥　姚新中　徐　飞　曹　刚

曹　峰　焦国成　雷思温　臧峰宇

总　序

中国人民大学哲学院创办于 1956 年，它的前身可追溯至 1937 年创建的陕北公学的哲学教育。1950 年中国人民大学命名组建了马列主义基础教研室哲学组，被誉为新中国哲学教育的"工作母机"。中国人民大学哲学院是国内哲学院系中规模最大、学科配备齐全、人才培养体系完善的哲学院系，是国家文科基础学科（哲学）人才培养和科学研究的重要基地，也是中国人民大学"双一流"建设的重点单位。人大哲学院为新中国哲学发展和哲学思想研究的进步做出了不可磨灭的贡献，始终站在哲学发展的前沿。

人大哲学院拥有年龄梯队完整、学科齐全、实力出众的学术共同体。在人大哲学院的发展历程中，一代代学者兢兢业业，勤勉求实，贡献了一大批精品学术著作等科研成果，他们不但在学术界赢得了极高的声誉，同时也获得了积极的社会反响，成绩有目共睹。

近年来，随着哲学院人才队伍的充实完善与学科建设水平的逐步提升，优秀的学术新著不断涌现，并期待着与学界和读者见面。为展现人大哲学院近年来在各个专业方向中取得的丰硕成果，哲学院策划了这套《中国人民大学哲学文丛》（简称《文丛》），借助中国社会科学出版社这一优秀的学术出版平台，以丛书的形式陆续出版这些优秀的学术新著。

　　《文丛》所收录的著作都经过了严格的学术审查和遴选，作者来自哲学院的各个研究方向，以中青年学者为主。他们既有各相关领域颇具影响力的专家和学者，同时也有正在崭露头角的学界新秀。这些著作集中反映了人大哲学院的研究传统、学术实力和前沿进展。

　　哲学作为一门重要的人文基础学科，不但对人类永恒的经典思想问题进行着深入研究，同时也一直积极而热烈地回应着国家发展与时代变迁所提出的新问题、新挑战。当前，中国社会的发展日新月异，这为中国学术思想的推进既提供了难得的机遇，也提出了诸多新的理论问题。而与国际学术界交流与合作的日趋深入，则为中国学术的发展与进步贡献了有益的参照和经验。人大哲学院不但始终坚持对经典哲学著作和哲学问题的持续研究和推进，而且积极展开与国际学术界的对话与合作，与此同时还保持着对中国社会现实的关注和思考。因此，我们一方面需要坚守已有的研究传统，同时还要对新的思想问题和社会形势贡献自己的回答。有鉴于此，《文丛》所收录的作品既有传统的哲学史研究，以及对经典著作的整理与诠释，同时也有结合当前中国社会状况而进行的理论研究与前沿探索。相信《文丛》的出版不但能够全面展现人大哲学院的最新学术研究成果，同时也有助于推进中国哲学研究的发展与进步。

　　《文丛》的出版受到中国人民大学中央高校建设世界一流大学（学科）和特色发展引导专项资金支持，在此深表感谢。

《中国人民大学哲学文丛》编委会

2019 年 3 月 1 日

序　言

　　这本书脱胎于我的博士论文《集体责任与民主实践》。我的博士生导师保罗·罗素（Paul Russell）是国际知名的研究道德责任的学者，他曾经打趣我说："田洁，看似我在指导你研究责任概念，可是我知道真正让你感到痛痒的，是集体概念。"这种说法来自于哲学工作者之间一个常见的玩笑，说的是每一个能够坚持哲学思考的人都像患有某种强迫症，无法停止思考一个让他备感痛痒的问题，这个问题可能完全无法激发他人的感受，甚至在他人看来这个问题的重要性都显得莫名其妙，但是这个思考者却始终无法规避或躲闪这个问题，并且在研究和阅读中不断产生试图处理这个问题的执念，以至于无法停止抓挠身上的这个"形而上学痛痒"（metaphysical itch）。

　　如果保罗说的是对的，那么我的"形而上学痛痒"大致包括这样一些问题：集体是何时出现的？它是一个什么样的存在？它是一种实体吗，因而在时间中演进，在空间中延伸吗？集体的信念是什么，它有喜怒哀乐吗，它有想象力吗，它晚上做梦吗？集体会思考，会行动，并因此而担负责任吗？集体和个体的关系又是什么，在什么意义上它既是又不是个体的集合？它出现时，作为个体的人应该如何在集体之外存在，又应该如何在集体之内自处？更重要的是，一个人如何决定自己成为一个集体的部分？或者，是否成为一个集体的一部分总是能由个人自己决定？一个人可以为一个集体的行为负责吗？一个人需要为集体中的他人行为负责吗？这些问题不仅仅需要在传统形而上学和认识论层面做出回答，而且这些回答还应直接关联更贴近实践的道德生活和政治安排。这些"形而上学痛痒"的背后，更多是鲜活的、具体的个人在面对庞大隐在的集体时，同时感受到的热切期许和无力绝望。

这本书在研究方式和写作样式上采用了分析哲学的视角和方法，通过概念分析和推理论证来达至结论。本书并没有直接探究集体行动的形而上学基础问题，而是集中讨论了这个问题在道德生活中的呈现，也就是集体责任问题。本书指出，关于集体责任问题，最终的结论需要通过对于公共政治的思考得出，或者说不同的公共政治安排可以让一个集体获得不同的承担责任的能力。如果我们认为让集体更好承担责任是一个值得追求的道德目标的话，那么我们也就有理由去推行一些公共政治安排，同时避免另外一些。

本书第二章简要介绍了一些常见的对于责任概念的理解，重点在于把责任概念从传统的自由意志讨论中解绑出来。第三章着重讨论了当代行动哲学对于集体行动的处理方式，指出对"集体行动"或者说"行动中的集体"可以做不同类型、不同程度的理解，而不是将其理解为一个非黑即白的概念。第四章讨论了集体责任的困境，也就是把传统常见的责任原则应用于集体行动之上时，造成的集体行动不完整转化现象，而这种现象是我们的公共道德实践中的顽疾。第五章指出，如果我们要严肃对待集体责任问题，那么就要重新反思习以为常的集体责任概念，形成对于集体责任的多元理解，从而看到修正集体概念的可能。第六章探讨的是依据修正后的集体概念，我们应该如何构建公共决策行为。有一些公共决策方式比另外一些更能够帮助我们处理集体责任困境，这让我们有道德理由来支持这些公共决策方式的实现。

　　这本书的出版有众多的机缘巧合，它的最初期待、后期定位、写作过程和最终完成，无不掺杂了意料之外的因素。借此我想感谢所有帮助我，促成这本书最终出版的朋友。尤其是，中国人民大学哲学院为它的出版提供了资助，中国社会科学出版社的朱华彬先生对它做了细致打磨。虽然这本书现在的样子远不是我最初设想的，但是它终究是漫长写作过程中不同时期自我的合作产物，因此作为不同自我的集合体的我也要为它，尤其是它的不足和缺陷负责。敬请各位读者和学友不吝赐教。

　　最后，请容许我感谢我的父母，尤其感谢他们给了我自由，我也因此得到了真正承担责任的机会。

目　录

第一章　导言

我们如何在公共生活中安置责任问题？在多个个人的意向和行为相互交织重叠成各种各样复杂的情景之后，我们如何理解责任的来源、合理性和最后的承担？这些问题是本书写作的最初也是最终动机。这个看似简单的问题背后有着复杂和令人困惑的哲学概念、路径和想法，它迫使任何感兴趣想要回答这个问题的人去了解各个层面的哲学内容（从抽象的形而上学一直到具体的应用公共哲学），涉及责任概念的起源、个人和集体之间的关系、对于"行为"和"意向"这一类行动哲学概念的澄清和处理。即便我们可以比较幸运地获得较为令人满意的一些哲学层面上的答案，这些问题对于我们实际的个人和公共生活如此意义重大，我们还需要耐心检验这些哲学理论层面的解答能否有效地、令人满意地帮助我们在具体的个人以及公共生活中解答相关的问题，处理这些问题带来的困境。本书致力于在有限的文字范围内对于集体责任问题做一次较为系统的处理，希望最后的结论能够算作处理这个复杂概念的一次诚挚尝试。

在我开始分析并试图解答集体责任问题之前，我想先转述一个小故事。这个故事常常被讨论集体责任问题的学者在著作和交谈中提起。它来自英国当代文坛颇具影响力的作家——伊恩·麦克尤恩。他1997年出版的小说《爱无可忍》被英美誉为当年"最好的小说之一"。这本小说近乎残酷冷漠地谈论了人和人之间的情爱。在开篇中，麦克尤恩提到了一个气球的故事。①

在一个天高气爽的日子里，一个升在半空中的载人热气球正在和狂风作斗争。一个孩子被困在热气球下面挂着的篮子里。气球驾驶员渐渐地失去了对热气球的控制，热气球越升越高，向着附近的高压电线飘了过去。如果没有任何救援和帮助的话，气球就要撞上那些高压电线。一场灾难眼见就要发生。走运的是，有一些人看到了这个正在失控的气球。他们跑着聚集到气球的下面，想要帮助驾驶员稳住这个热气球。但是就像故事中写的那样，这一群人每个人都热切地想要帮忙，可是他们之间却没有共同合作。"每个人都隐隐约约地有一个共同的目的，但是全然谈不上是一个一起做事的团队。"他们不仅没有形成这种团队合作的组织，而且相互之间还没有什么关系。每个人都在用他自己的办法，试图把热气球拉回到地面上来。但是风力却越来越强，拽着气球的边缘使不上力，如果他们能够齐心协力一起行动，都紧紧地抓住篮子上的那些绳索，他们就有可能把孩子救下来，然而大家没能形成一致的行为。

小说中的旁白者暗想："但是他们没有团队、谈不上计划、没有契约，也算不上违约……其中有一些人试着说'我来！'但是至于我们一起能做到什么却无从谈起。一个好的社会必须要能够了解什么是好的。突然间，挂在半空中的篮子下面的我们，一起变成了一个坏的社会。我们分崩离析，刹那间我看到有一个躯体坠落下去，那个人是谁呢？我感到气球晃晃悠悠地往上升去，最后的结果不言而喻。这次无私的助人行为最后变得无迹可寻。"②

①　Christopher Kutz 在他的文章 "The Collective Work of Citizenship"［Legal Theory, 2002（8）］里讨论集体行动的时候也提到了这个故事。我受到他的启发重读了麦昆的书。我对于这个故事中叙事的删减主要是为了凸显其中讨论集体责任的部分。

②　Ian McEwan, *Enduring Love*. Knopf Doubleday Publishing Group, 2009, p. 16.

故事的结局颇为惨淡。那些本来应该上前伸出援手的人们出于恐惧，纷纷放手跌落。剩下的一个继续坚持的人，带着一点点勇气，上升了一会儿后，还是坠落了。

集体的失败是这个故事的主题。故事中集体的失败的教训不仅仅在于这一群人没有通过及时有效的沟通和互动完成这次无私助人的行为，不仅仅是集体没有一起行动，更加深刻的教训在于本来应该形成一个集体的人们，最终没有形成集体。在我看来这是集体责任问题最具哲学挑战的内容，也正是我在这本书中想要探讨的一个主题。必须承认，这本书远不可能是这个问题的完美答案。书中想要说明的主题是基础的、有望得到共同认可的，但同时论证又是非常有限的若干个要点：第一，集体责任，在我看来，意味着每一个个体所承担的作为集体行动参与者的责任，这种责任由一些语境化和关系性的因素来决定，尤其是在个人层面上构成集体行动的意志和行为；第二，不同的群体结构和集体决策的机制会影响到群体当中的个体承担这种集体责任的必要性、可能性和能力；第三，如果我们把公共决策行为当作集体行动的一个范式，我们就可以发现集体协商的公共决策模式比起个体偏好投票累计的决策模式更为出色，可以更好地帮助我们解决集体责任问题，因为前者使得个人在群体生活当中认识并承担集体责任的能力加强了。

从本书的核心问题出发，我们可以发现数不胜数的相关研究主题，其中包括集体行动、道德责任、公共理性问题，等等。这里每一个概念和主题在现有的学术文献当中都有高度的争议性，因此整本书中论证的线索和路径可能会显得十分小心，甚至过于谨慎。读者可能会认为我对于集体责任问题所做出的最终解答和回应并没有直接去处理这些争论，或者没有试图在它们之间比较出高下，甚至没有给出确定的理由去反驳或支持其中的某些学派或者路径的结论。譬如，行动的形而上学问题、自由意志问题和集体主体的存在论问题都与集体责任问题紧密相关，但是本书没有针对这些问题给出肯定单一的确切理解。诚然，提供这样一种单一确切的理解不但完全超出作者的写作能力以及写作意图，即便强为之，结果也不见得为这些重大而复杂的哲学问题提出合理而又负责的回答。本书写作的目的是在接下来的内容中表明，有一种路径可以把对集体行动、责任和公共决策的讨论融合贯穿在一起，通过这种融合贯穿最终能够对之前提出的问题给出一个回答：我们究竟应该如何在公共生活中安置责任？那些关心集体责任概念的哲学家都应该在各个层面去关注和发展那些有助于或者说能够支持这条融贯路径的理论。

在当代的行动哲学与道德哲学传统中，对于责任概念的处理大多强调集体责任这个概念在个人层面的呈现和应用，而其中主要的理论资源大多来自于哲学传统中对于个体道德行动者的自由意志的讨论。这不仅仅是"责任"这一个道德概念面临的问题，大多数当代道德哲学的研究都更偏向于强调道德理论和道德概念在个人层面上，而不是集体层面上的理解和应用。但是，在公共生活当中，责任这个概念却需要更为全面的、复杂的理解和处理。相比之下，责任的个人主义理论家们所推荐的那些研究路径和方式，虽然论证十分精妙，概念相对清晰，但不足以帮助我们有效地理解公共生活当中的集体责任概念。更糟糕的是，这些路径甚至会在某种程度上妨碍我们去理解公共集体生活中的责任概念，并带来一些令人不安的结果。比如，"集体责任消解"这个典型问题。简单地说，集体责任消解问题指的是一些特殊然而又常见的社会和群体现象。在这些情况中，一群人的行为导致了一个结果，但是这群人无论哪一个具体的人都不能被合理合法地指认为责任对象，来为这个集体行动的结果承担责任。哲学家和社会科学家们在不同的社会领域和公共生活当中一而再、再而三地观察到这个现象。因为发生领域的不同以及对这种现象成因的不同解释，"集体责任消解问题"有很多不同的命名方式，比如"社会陷阱（Social Trap）"，"公共悲剧（Tragedy of the Commons）"和"消极外部性（Negative Externality）"，等等。在本书接下来的讨论当中，责任概念在个体层面上的处理、在集体层面上的体现以及在这两个层面之间交替出现带来的困境等问题会不断出现。对于这个复杂的、带有几分必然悲剧色彩的哲学问题，本书不寄望于能够对它们作出完美的解答，只希望通过尽力负责的讨论和分析来弄清楚问题本身的一些紧要所在，并给出可能的解答方向。

接下来，我们来大致了解一下本书各个章节的论述框架。在这个章节框架中，读者可以看到，前三章是对于行动与责任、集体行动、集体责任这些概念的理论梳理和分析。后两章分别是本书作者对于在公共社会生活实践中如何改进集体决策行为，进而解决集体责任问题的提议。

在本书最初的章节里，我先为读者大致介绍责任概念在当代行动哲学与道德哲学中的几类理解路径，使读者看到"责任"概念在当代行动哲学与道德哲学中的含义，尤其是它与"自由意志"概念的脱节。行为责任在哲学史上与"自由意志"概念长久地捆绑在一起，后者即便不是一直被哲学家看作前者的同义词，也往往被当作前者的必要条件。换句话说，在哲学史上，哲学家们认为"自由意志"和"行为责任"之间存在着紧密的概念关联，以至于很难在不谈论行为主体"自由意志"的时候去谈论行为主体的"行为责任"。然而，这种做法却在处理"集体责任"的时候为我们带来了巨大的麻烦。"自由意志"概念在个人层面的讨论已经十分复杂，更遑论我们是否可以成功地将它引入到集体层面上，提供一个有意义的"集体自由意志"的说法。幸而，在哲学史和当代行动哲学与道德哲学的著作中，也有不少区分了"自由意志"和"行为责任"之间的关系，这一类的观点被标志为"道德责任的兼容论观点"。根据这一类的观点，行为主体的责任与行为主体是否拥有"自由意志"之间并没有直接的关系，甚至可以说没有关系。具体地说，兼容论允许一个行为主体在没有自由意志的前提下成为可以担负行为责任的主体，"主体行为是不是由自由意志引发的"，这不再是主体的责任标准，譬如，道德责任的来源可能是主体的能动机制，也可能是一个道德共同体的情感反应规则。

在讨论完兼容论的责任概念之后，本书着手处理两种从根本上质疑集体责任是否存在或者可能存在的怀疑论，这两种怀疑论都来自于个人主义的理论，我分别将它们命名为还原个人主义（reductive individualism）和温和个人主义（soft individualism）。在第三章中，我将主要回应还原个人主义。这种怀疑论者极为坚定地抵制"集体可以行动"这样的说法，而这种强硬的怀疑论态度也一直影响着后续所有对于集体责任的讨论，如同一片挥之不去的阴云。还原个人主义者质疑的是集体行动的存在本身。在他们看来，所有提及集体责任的说法都是一种比喻，或者修辞法。当我们说"加拿大拥有更友好的移民政策"时，只不过是用一种更为简洁的方式表述了"由一个一个加拿大的个体集体成员选举出来的政府当中的各个相关政府官员根据每个人所代表的政治利益和具有的专业知识制定并执行了一个对移民更友好的政策"。换句话说，在以某种方式结合起来的个体之外不存在"集体"这种东西。所有集体行动的表述都不过是对于个体行动的另外一种间接说法。在构成这个集体的个体行动者之外不存在所谓的"集体行动者"，或者说"集体行动者"不是一种真实实在。在这些怀疑论者看来，说一个群体要么就是说话者犯懒，是一种十分糟糕的描写人类个体行为和决定的方式；要么这种用法就是无稽之谈。

如果还原个人主义是对的，那么我们就从根本上失去了解释集体行动的方式，甚至也就没有必要这么做。在他们看来，只要能稍加仔细研究，对于细节更加较真一点，精细一点，任何关于集体行动的说法就会被消解成一种关于个人行动的说法。为了应对这种极端地、坚定地对于集体行动的根本上的质疑，我将讨论三种哲学家提供的解释集体行动的路径：行动者集体主义；意志集体主义和参与集体主义。这一章整体的目标是要建立起集体行动概念的合理性和合法性，同时指出集体性可能有不同的种类和程度。当我们聊到责任时，重要的是一个集体行动的理论需要有一个最小的入门级要求，然后这个集体承担责任的能力要通过进一步的结构整合来加强。

在第四章中，我将讨论第二种怀疑论即"温和个人主义者"，也就是文中提及的责任的个人主义原则。根据这种说法，虽然集体可以形成意向，产生行为，但是只有个人才是价值或者道德评价的合适对象。换句话说，温和个人主义认为，虽然集体行动在某种意义上是可能的，但是责任只能归属于个体。因为在温和个人主义看来，责任的归属需要服从一些基本的原则，这些原则包括个体差异性原则（principle of individual difference）、控制原则（control principle）和自决原则（autonomy principle）等。而这些原则只能在个人的层面上得到实现。我认为温和个人主义的这些理论面临着一个极其严重的挑战。这个挑战我称它为翻译问题，也就是根据个人主义的这些责任分配原则，我们在集体行动产生的责任转化成个体参与成员的责任时，会产生巨大的困难。如果温和个人主义是一个成功的学说，那么它需要将集体行动产生的责任完美地转化成有关个人所需要承担的责任，在转化之后，不会有遗留问题。换句话说，根据个人责任原则，集体责任可以被完整地分解成相关的个人责任，而不会产生没有承担主体的遗留责任。在第四章的第二部分，我会用三个典型例子来说明为什么根据个人主义原则，集体责任的转换会出现无法解决的困难，这三个例子包括：全然决定论、旁观者效应和协商困境。通过对这些例子的讨论，我希望读者认识到，仅仅凭借责任的个人主义原则和其他相关准则没有办法帮助我们有效地处理集体责任问题。在集体行动中的责任问题需要一种全然不同的理解。

在说明了个人主义责任原则在解释集体责任上的不足之后，第五章着力讨论对于一个有说服力的集体责任理论，需要兼顾两个方面的考虑：敏于语境（context‐sensitivity）和回应依赖（respondent‐dependence）。在这一章中，我将试图说明这两个方面的考虑具体指的是一些什么样的内容，以及为什么这两个方面的特征能够帮助我们形成另一种责任原则，帮助我们更好地在公共生活中处理各项事务。这一章同时还是一个起承转合的部分。通过对集体责任这两个特征的讨论，我们可以看到对于责任的讨论不能仅仅停留在概念层面，它同时也是一个实践问题。更为直接和乐观一点的说法是，一个在理论概念层面含义依然模糊的问题，需要同时也可以通过实践层面的处理明晰起来。

最后，我用公共决策行为作为集体行动的一个典型例子，主要目的是说明，不同的集体决策机制决定了一个集体承担责任的能力，再具体一点说，群体协商的决策机制和多数累计的决策机制比较起来，前者比后者更能够帮我们增强承担集体责任的能力。这一章列举了多数累计方式的三个道德缺陷，以及这些缺陷在涉及集体成员责任时所带来的麻烦和不足。在此之后，我将讨论群体协商作为一种集体决策机制的具体运作情况，它相对于个体偏好投票总和的优势以及这种集体决策机制如何能够帮助增强集体责任。此外，这一章还回应了两个可能的反对意见：一种意见认为，集体协商有可能会产生有问题的、没有合法理性的规范价值；另一种更为极端的意见认为，集体协商可能根本就不能产生任何的规范性。通过对于这两种反对意见的回应，我们看到集体协商可以为规范性的产生，尤其是集体行动中的规范性的产生提供渠道和基础，这种决策方式相比较多数累计的决策模式而言要出色得多。

本书的最终目的是为一种集体责任概念的可能理解提供一个实践方案。在作者看来，道德哲学对于集体责任的解释在理论上存在根本性的不足，而这种不足虽然可能通过进一步升级哲学分析或者加强理论机制的解释功能来补足，但是我们必须看到，像集体责任这种道德概念具有重大的实践功能，它应该可以帮助我们去了解我们生活于其中的道德情境，以及在这样的情境中我们应该如何去做事为人。与此同时，本书从社会科学角度，试图为协商性集体决策机制作出辩护，指出相较于个人偏好多数累计机制，基于协商基础上的公共决策具有更多道德价值层面上的合法性。虽然基于协商基础之上的公共决策方式并不一定能够在一个群体中产生在道德层面上有效可行、运作良好的集体责任理论，但是它可以作为形成这种集体责任理论的一个出发点。

在更为弱一点的层面上，这本书的写作内容可以被看作一次道德哲学家和政治学家之间的对话，通过这次对话，作者希望两个领域的学者能够找到他们之间共有的研究兴趣，也就是对于集体行动者的关注，虽然他们之前可能并没有明确地认识到他们之间存在这种重叠的研究兴趣。在我看来，道德哲学和政治科学之间就集体责任问题可能存在着一个误解：前者认为在实际的政治实践当中无法产生道德价值；后者对于政治生活的哲学调查能够为我们提供实际意见没有信心。本书希望能够在一定程度上纠正这种误解。如果有一些有益的正确的政治制度和社会实践得以执行，那么一些道德困境在实践领域就可能不再显得那么紧迫。同时，这些政治安排也可以通过改善这种道德实践而获得更多的合法性和合理性。

第二章　责任与行动

　　在经典哲学传统中，围绕责任的哲学话语曾经和自由意志紧密交织在一起。在这种意义上，自由意志通常被视为道德责任的必要条件或来源。这就是所谓的自由意志论（libertarianism）。大多数自由意志论者认为，是否拥有自由意志是衡量行动者是否要为自己行为负责的一个必要的形而上学条件。这种形而上学的基础促使自由意志论者思考在行动中的因果关系（causality）、其他可能性（alternative possibilities）和决定论（determinism）等形而上学层面的问题。这些问题背后所诉诸的判断直觉和理论依据有几分类似。具体说来，自由意志论传统中责任理论的焦点往往落在行动者的行动中是否包含了的最终意义上的、真正的自由选择。这个关切驱使自由意志论者讨论行为的不确定性（indetermination），或者行动者在形成行动的信念和意图，做出决定和执行行动时是否具有的有效的控制力（effective control）。这里所指的"真正的自由选择"和"对行动的有效控制力"有各种可能的具体体现。

　　哲学家们投入大量的精力试图发现使承担和归因责任的实践变得恰当的条件。面对主流的自然主义和心理主义对人类行为的理解，自由意志论者有一些典型的回应方式。比如有一些自由意志论者直接反对自然主义和心理主义者们信奉的因果关系决定论，提出物理因果关系本身就是一个包含着可能性和不确定性的过程。比如罗伯特·凯因（Robert Kane）将人类行为和思考中的不确定性归因于微物理粒子的位置或动量及其在人类大脑活动中的相互作用。凯因认为，大脑中的不确定导致我们无法确认行动者的行动是否能实现。当这些行动确实成功时，不确定性也依然存在于其中，决定论的因果性被打断了，产生的结果依然具有不确定性，但是它依然是有原因的，它还是由行动主体的努力引起的。

"我们来假设两个行动主体有完全相同的历史过往，这些历史过往包括生活经历、物理构成、外在环境等等所有的因素。有一天两人面临着一个选择，要么为了一己私利而歪曲事实，要么付出巨大的个人代价说出真相。一个人撒谎，另一个人说了真话……如果这两个行动主体的过去直到选择的那一刻真的是完全相同的，而他们的行为差异是偶然性的意外结果，那么，我们是否有理由将他们区别对待，说一个人的决定值得谴责，而另一个人的决定值得赞美？"

根据刚才所描述的观点，一个人不能把不确定性与个人的努力分开来，他必须把努力和不确定性看作是融合在一起的，努力是不确定的，而不确定性是努力的一种属性，并不是在努力之后或之前发生的单独的东西。一个人的意志力就算具有这种不确定的属性，我们也不能就说他没有努力。

就像"'她的选择是偶然的'这样的表达方式在这些语境中会误导我们一样，'她很幸运'这样的表达方式也会误导我们。问问自己这个问题。为什么'他很幸运，所以他没有责任'的推论会失败？答案的第一部分可以追溯到这样一种说法：'运气'和'偶然性'一样，在普通语言中具有质疑性的含义，而这些含义并不一定是非决定论。我认为，非决定论所隐含的'他很幸运'的核心含义是'他成功了，尽管失败的概率或偶然性很大，但他还是成功了'，而这个核心含义并不意味着如果他成功了，就没有责任了。'他很幸运，所以他不负责任'的推论是失败的，因为行动者成功地做了什么，就是他一直以来的努力和想做的事情。当他们成功了，他们的反应不是'哦，天哪，那是个错误，是个意外，是发生在我身上的事，不是我做的'。相反，他们认可的结果是他们一直以来都在尝试想做的事情，也就是说，他们明白，这个事情不是错误或意外。在一个世界里，其中一种努力是在一个选择中发出的；在另一个世界里，另一个的努力是在另一个的选择中发出的，但这两种努力在两个世界里都不是偶然或无意的。我想更进一步说，我们也可以怀疑，他们两个人的努力是否真的是完全相同的。如果事件是不确定的，就像他们所做的努力一样，在不同可能的世界中，不存在完全相同或不同的事件。他们的努力并不完全相同，也不完全不同，因为他们的努力并不完全相同。它们只是独一无二的"①。

当然，这样的说法还不足以让凯因的自由意志理论成为一个自由意志论者的代表，因为他尚未解释人类的选择行为，或者"努力"本身为什么不是受到因果律决定的。真正让凯因的理论从本体论的层面上成为"自由意志论"代表的，是他对于大脑活动中的量子不确定性的论述。在为数不多的自由意志论者中，凯因研究的独到之处在于他坚持为自由意志提供一种与量子不确定性相关的解释，甚至可以说他认为个人意志和决定中的量子随意性（quantum randomness）与自由意志和自由决定息息相关。为了表明量子不确定性在人类行为中的作用，凯因提出，物理世界的不确定性可以同样解释脑部活动的结果不确定性。因为行动者的冲突意志，人生中那些与自我形成的深深相关的决定和想法会在大脑中激起量子混沌，使大脑在神经元层面上的量子不确定性

---

① Robert Kane, "Responsibility, Luck, and Chance", *Journal of Philosophy*, Vol. 96, No. 5（May, 1999）.

随后放大到影响整个神经网络。这样一来，这种冲突激起了大脑解决问题的能力。不确定性可能以不同的方式参与到大脑和自由意志中来，这种推测也并非空穴来风。越来越多的证据表明，就像在许多复杂的物理系统中一样，混沌可能在人类的认知中发挥作用，产生了神经系统适应不断变化的环境所需要的创造性和灵活性。凯因同时也指出，混沌行为虽然不可预测，也并不意味着不确定性，但当代物理学一再向我们证明混沌确实涉及"对初始条件的敏感性"。混沌系统的初始条件中存在的细微差异可能会被放大，产生大规模的不确定效应。作为一个生物体部分，大脑也可以被理解为一种混沌系统，如果大脑对初始条件的敏感性确实能够放大神经网络中的量子不确定效应，而神经网络的输出可能取决于单个神经元的发射时间的微小差异。凯因认为，量子物理学和自组织系统中充满了混沌和复杂性，这里的某些组合可能为自由意志提供了足够的不确定性。但他也承认这仅仅是一个理论想法，而这个问题最终是一个经验性的问题，有待于未来的研究来解决。

另一个把自由意志与责任紧密相连的理论概念是"行动者因果（agent causation）"。行动者因果是指行动主体可以启动新的因果链，而不是让眼前或遥远的过去的事件和自然界的物理规律预先决定自己的行为。这一类概念的支持者指出，行动者是一个持续存在的主体，它拥有各种属性，其中最重要的是一定的因果关系和责任。典型的行动者就是人类或者其他有意识的生物，它们能够作出有意识的行为。因而，行动者因果就应该是一类因果，在其中一些事件和情态的出现不是由另一些事件和情态引起的，而是由某种行动者引起的。事件因果关系和行动者因果关系是两种不同类型的因果关系，因为行动者和事件的性质似乎是不同的，是在形而上学上的两类存在。

在确立了两种因果类型之后，"行动者因果"的支持者指出，如果说一切人类行动者最终只是一个事件引起另一个事件的因果史，所谓的人类行动中所涉及的事件可以通过以前的事件，追溯到行动者出生以前的时间历史，那么行动者就不能在任何意义上为自己的行为负责。一个人的自由和一块石头的自由无甚差别。人的行为轨迹，就如同石头的运行轨迹一样。而行动者的因果所引发的每一个行动却远不止于此。卡尔·吉内特（Carl Ginet）指出，一个行为要么本身就是一个因果性的简单心理行为，要么开始于一个因果性的简单心理行动。所谓简单的心理行动是指这个心理事件不由其他的心理事件引起。在吉内特看来，简单的心理事件就其本质而言，是一个不只发生在行动者身上的事件，不是不经意间发生的，而是行动者让它发生的，是行动者决定它将在什么时候发生的。一个简单的心理事件具有这种内在的行为性品质的时候，就足以使它成为一种行为。

提姆西·奥康纳对于行动者因果指出了对于这种理论可能存在的一些误解。比如，有人可能会认为，行动者因果的存在需要一种非常不同于物质的物质，正如笛卡尔二元论所假设的那样。许多讨论行动者因果理论的哲学家似乎只是简单地认为该理论的信徒是二元论者。然而，这一论点经不起推敲。要认识到这一点，其中最基本的问题是确定行动者因果所依赖的确切的基本属性。换句话说，我们要知道哪些特征构成了一个物理系统中的自由行动者，或者我们也可以反过来想，人类神经系统中的哪些结构性变化会导致长期丧失一般的自由行动能力？这是一个经验性的问题，只有神经生物学才能回答，而不是哲学行动理论的范畴。然而，哲学家应该能够提供一些一般性的信息，分析意识是如何被纳入到这个过程式中的。大多数关于自由意志的论述的一个显著特点是，他们没有认识到意识的基本作用。自由意志的说法未能为意识提供一个基本的作用，这并不奇怪，因为它的基本生物功能对大多数理论家来说是相当神秘的。

行动者因果理论所面临的另一个问题是，即便存在行动者因果关系，我们也没有用一种整齐而简单的方法将它与其他的因果事件区分开来。并非所有的行为都是自由的行为，其中有很多很可能是由无意识因素和高度常规化的习惯所支配的行为。那么，普通人的行为究竟在多大程度上直接受行动者自身的调节控制，在多大程度上受微观决定论过程的控制呢？更广泛地说，事件因果关系和行动者因果是如何相互作用的？即使是在自由行动时，通常我们连肌肉收缩的准确程度、肢体运动轨迹等都没法直接控制。

我认为自由意志论不是研究集体责任概念的有吸引力的方法，原因有二。首先，如果我们遵循凯恩对自由意志的理解，通过在微观物理层面观察个体参与者的大脑活动来解释集体行动将是一个极其复杂的项目。我对它的可行性和有效性相当怀疑。其次，如果遵循行动者因果理论，我们可能不得不将一些形而上学的奇怪状态归因于行动者，比如坚持认为行动者是那个不动的动者（unmoved movers），本身不承受因果作用但是却能引发因果作用（uncaused causes），就能对行动的理解不受科学或自然化方法的限制。基于这些担忧，我将从与自由意志主义相对的兼容主义出发，开始对于责任概念在当代行动哲学与道德哲学路径下的综述介绍，以期这里的介绍能够在第二部分帮助我们理解集体责任的时候提供一个更有希望的视角。

接下来的介绍大致包括了当代行动哲学与道德哲学中一些关于道德责任概念的研究中的主流兼容主义路径。总体来说，这些兼容论的方法大致可分为三种类型：后果主义路径（consequentialism）、意志等级（orders of will）和理由反应（reasons - responsiveness）路径和反应性态度（reactive attitudes）的施特劳斯主义（Strawsonian）路径。我将分别介绍这些不同类型的兼容性是如何理解行为责任的。需要指出的是，尽管这些相容论的方法可以说乍看之下在解释个人责任的意义上取得了一些成功，然而我们必须看到，这些理论对于集体责任的问题的解释和推进是否取得了同样的成功依然是悬而未决的问题。如果没有进一步的理论工作，兼容论的道德责任理论是无法令人满意地回答集体责任问题的。

在本章结尾，我会借用克利斯朵夫·库茨（Christopher Kutz）的理论来分析和反思这些已有的兼容主义路径。反思之下，我们会发现，如果我们在理解道德责任时执拗于个人主义的价值承诺，那么即便是采用兼容主义的方法，让道德责任与自由意志概念脱钩，我们依然不能有效地理解集体责任的一些特性，不能理解作为群体成员的个人的共同责任。因此我们需要对此进行进一步的理论补充和发展，才能够更加有效地把握责任概念在集体层面上的含义。库茨的共谋原则就是一个很好的例子，它可能能够弥补当前现有的责任概念在集体层面具有的缺陷。我也将详细地介绍并讨论库茨的共谋原则，借此来探讨这一类的理论努力如何有可能让我们更加清晰地在集体层面上思考并使用责任这个概念。

第一节　后果主义的行动与责任

后果主义最早的代表性人物杰里米·边沁（Jeremy Bentham）在一开始讨论后果主义作为一种道德哲学的优先性时，就涉及了责任问题。更确切地说，边沁的功利主义思想恰恰是通过他的追责惩罚理论得到全面发展的。在功利主义的思想框架下，对边沁来说，国家法律是用来促进幸福的。但法律也包括追责惩罚，而追责惩罚本身就是一种不幸①。因此，功利主义者从表面上看来

---

① 关于更多边沁功利主义关于惩罚的观点，详见 Jeremy Bentham, *The Classical Utilitarians*, Hackett Publishing, 2003.

很难证明追责惩罚是正当的。边沁的追责惩罚理论发源于两个问题：我们为什么要追责惩罚？公正的追责惩罚的界限在哪里？根据边沁功利主义的理论精神，我们是否应该对某种行为进行追责惩罚完全取决于这种做法的成本效益计算，例如这种惩罚是否可以保护社会免受进一步伤害而对罪犯进行惩罚，这种惩罚是否可以让罪犯付出巨大的代价，纠正他的暴力倾向，让他洗心革面，变成一个遵纪守法的、有利于社会公益的人。与此同时，我们是否可以通过这种追责惩罚对其他人的可能模仿行为进行震慑？这种威慑是否会降低社会整体的犯罪率，为社会带来稳定？不难看出，在这种路径理解中的追责惩罚行为，与犯罪人本身的行为是否由罪犯的自由意志引发无甚关系。是追责惩罚本身的后果性效益为追责惩罚给出合理性。这种对于责任的看法，被当代学者标志为一种"前瞻性责任"（forward - looking account of responsibility）。简单地说，一个人是否需要为某事负责，取决于让他为此担负责任的做法是否能够在未来带来很好的效用。这里的论证精要被当代后果主义者继承，在分析责任时，持后果主义观点的学者认为，只有当责任归因的做法带来理想的结果时，责任归因才是恰当的、正当的，换句话说，惩罚、褒奖、责备、赞扬，这些与责任概念息息相关的做法之所以是合理的，因为它最大限度地提高了某些形式的一般社会福利，如维护社会秩序和保护个人自由。根据这种解释，责任归属的正当性取决于其在修复损害、纠正错误和防止未来损害方面的效用。在这种观点下，真正责任的概念是一种形而上学的无意义的东西。真正的问题是"责备谁会有用"。当代功利主义者 J. J. 斯马特（J. J Smart）认为，我们完全可以将后果主义道德推理扩展到关于责任的推理上去。后果主义在解释其他道德行为的时候，往往能够为它们提供在直觉上既直接又有力的说法。比如我们为什么要交税？为什么要有警察？为什么要相互尊重？这些都因为这样做会有好的结果。然而，这种解释往往也有它的局限性，比如在追求科学真理的时候，我们似乎不能援引效用后果来决定真理是否是值得追求的，尤其是不能用它来决定哪一种真理是值得追求的。然而，在解释道德责任的层面上，单纯采用后果主义的做法来进行解释很容易受到人们的批评，人们会认为这种做法忽视了道德直觉。直觉上，只有当责任归属与行为的道德品质或行为人的道德品质相关时，人们似乎会发现这种责任归属的做法才是合理的。功利主义的反对者认为，仅仅根据责任归属的有用性来证明责任归属是正当的，而不考虑被追责的对象是否应该得到这一份责任，这并不是对待责任归属的问题的公正做法。

面对这种批评，后果主义者往往会区分和责任相关的道德实践的两个层面。第一个层面是责任的认定，第二个层面是和责任有关的道德实践，这些实践包括惩罚、褒奖、赞扬、斥责等具体做法。虽然这些做法的背后都有责任认定的基础，但是斯马特却认为，就这些做法而言，它们的合理性和必要性在于它们的效用和后果。换句话说，后果主义在考虑责任的合理性时，可以算是稍稍地犯了一个范畴谬误，将惩罚、褒奖、赞扬、斥责等做法仅仅当作一种行动，而忽略了这些与责任相关的行动背后有着一系列的态度和信念。与责任有关的实践行为的后果可以解释为什么这些实践是有必要的，也可以为这些与责任有关的行为做一些辩护。如果认为这些与责任有关的行为的结果就是这些行为的全部理由和来源，可以算得上是一种归因错位了。我们完全可以想到，“一个人需要为自己的行为负责”与“一个人有没有必要为他的行为负责”或者“一个人为自己的行为负责能够带来什么样的效益”完全是两类问题。在这里，责任的客观实在论和责任的社会构建论差别出现了。比如，那些坚持认为“自由意志”与责任的存在和原因有关的人就会认为责任的存在是一个客观事实，它不因为和责任相关的实践行为能够带来多少社会效用而有所改变。但在后果主义者看来，责任是一个出于某种合理性而被构建出来的概念，它所反映的是构建的合理性，而不是某种客观存在。我们会在之后对于集体责任的讨论中不断地看到这两种对于责任的存在论层面上的争论。

第二节　行动主体与责任

第二种关于道德责任的兼容主义理论不关注责任实践带来的结果，关注的是行为主体的一些特征，或者说特质。这种思路和"自由意志"的角度有几分相似，然而跟"自由意志"不同的是，这一类的兼容论者认为，行动主体并不需要具有后者所要求的自由意志才能成为责任主体，这里的自由意志可以由其他标准来替代。由于不同的哲学家在这里提供了不同的替代性方案，在这个部分我就挂一漏万地简要介绍其中的两个典型路径，一个是哈利·法兰克福（Harry Frankfurt）的意志结构理论，另一个是马丁·费雪（Martin Fischer）的理由反应论，特意选取这两个理论的原因还包括它们对于责任主体的讨论与本书后半部分对于集体能动力的讨论相关性很强，一个行动者的理性选择能力与他的责任能力息息相关，也是本书对于集体责任问题的一个基本立意之一。

哈利·法兰克福的意志结构（order of will）的路径认为，在讨论责任问题时，我们需要通过关注行动者和行动本身背后的动机结构来证明责任归属的合理性，也就是说行动者意图和行为的复杂结构可以成为道德责任的基础，这种方法具体考察的基本问题是行动者是否通过理性思考对个人行为有适当的控制，以及行动者是否能够回应、评估和监控选择。

在法兰克福和他的追随者看来，一个人的心理在不同的层面上存在着不同种类的欲想（desires），这些欲想形成了一个等级结构。一阶欲想是那些以行动为对象的欲想，比如"我想要抽烟"，而二阶欲想是比一阶欲想更重要的欲想，二阶欲想的对象是一阶欲想，比如"我不希望我有想要抽烟的冲动"。二阶欲想往往可以帮助行为主体在最终的行为决定和一阶欲想之间保持一定的距离，这种距离让行为主体有可能对于一阶欲想产生一些反思和控制。这种复杂多层次的欲想结构标志着行动主体在行动时的能动性的出现，也是行动背后理性成熟发展的表现。我们来思考一下儿童和成年人之间的行为决定区别，法兰克福的意志结构说的重要性就显而易见了。儿童在法兰克福看来不具备为自己行为负责的能力，恰恰是因为儿童的行为决定往往受到他一阶欲想的直接控制和影响，一旦产生欲望就立刻付诸实施。在法兰克福看来，如此简单粗暴的"随心所欲"并不是自主决定能力的表现，反而恰恰是自主决定能力缺乏的表现。因此，法兰克福认为，复杂的欲想层次结构是责任归属的必要条件。具有复杂的欲想和意志等级结构的人在考虑选择和做出决定时，往往不会上瘾或被操纵。他们所拥有的意志和他们所实现的愿望是他们想要的。这样的行动者拥有更高层次的欲想，被认为有能力在他们自己的欲想中反思和决断，而这也是行动者被追究责任的必要的理性能力基础。①

在意志结构理论的基础上，形成了第二种从行动者主体出发来讨论责任问题的路径，那就是马丁·费雪指出的，行动者的"理由反应机制"。"理由反应机制"是从对于行动者欲想等级的批评中发展出来的。在这些批评者看来，仅仅增加行动者意图和愿望的结构复杂性并不能保证行动者的理性能力得到有效的运作。仅仅是数量和层次的增多，并不一定能够让行动者的决定具

----

① 详细的论述见 Harry Frankfurt, "Alternate Possibilities and Moral Responsibility", *Journal of Philosophy*, vol. 66, no. 23, 1969; "Freedom of the Will and the Concept of a Person", *Journal of Philosophy*, vol. 68, no. 1, 1971.

有更多的理性内容。一个人拥有更多的一阶欲想，或者对于一阶欲想有着更加复杂的二阶调节和控制都不一定能让他的决定变得更加理性。我们可以想象一个设计复杂精妙的程序，在它的输入端有更多信息入口，同时它的信息处理层级有多个层次，但是这并不能够保证这个程序输出的决策具有理性和正确的内容。因而，"理由反应机制"的拥护者不强调行动主体需要拥有的欲想的数量多少，或者需要拥有一个什么样的欲想等级结构，而是把重点放在了行动者理性思考判断（deliberation）能力的有效运作上。正如马丁·费雪指出的，责任的一个必要条件是行动者在做出决定和采取行动时能够对相关原因作出理性的反应。看到行动者的道德决策过程背后的"理由反应机制"，就意味着我们需要注意到它所做的决定是理性思考的结果，它通过理性的思考，仔细地衡量了所有相关原因和相关因素。这表明决定是由行动者真正作出的，而不是因为上瘾、冲动或其他行动者控制不了的因素造成的。进而我们可以认为，行动者对于自己决定的这种控制满足责任归属的条件。

费雪理论的核心是理性反应，他认为，为了使行为人对行为负道德责任，对于外界和环境提供的行动理由做出有效的反应，是一种必要的决策机制。费雪的"理由反应机制"经过几个版本的修正，最终版本颇为复杂，它涉及理性决定产生机制的属性，尤其是这样一个机制如何对不同原因作出有效的处理和反应。要用非常直接简化的方式来解释的话，这意味着：在有足够的理由不做 X 的情况下，该反应机制导致行动主体不做 X；在有足够理由去做 X 的前提下，这个机制需要为行动主体提供去做 X 的动机理由，这样的机制被认为行动主体是具有理由反应的能力的。费雪分析了很多很好的例子，包括催眠术、醉酒等。大部分情况下，这些机制都是心理过程，尽管这些机制也有可能是纯粹的生理过程。例如，当一个施动者被催眠时，他不会以适当的方式对外界理由产生反应，然而他仍然有可能以某种方式行事，不管相关的原因是什么。在这种情况下，一个人可能会有采取某种行动的方式，他们的行动背后也有一种生发机制，但是如果这种生发机制没有对外界原因产生有效的反应，那么这里的行为就不符合"理由反应机制"的要求，因而也就没有道德责任。总结来说，一个行为主体对某一行为的道德责任取决于该行为所产生的机制，如果有足够的理由使该行为主体不以该方式行事，那么这个理由反应机制就应该保证不产生这种行为。需要强调的是，根据这种路径，这种对道德责任的解释同样不依赖于行为人有做任何事的自由，所以它并不与决定论或自由意志论相冲突①。

苏珊·沃尔夫（Susan Wolf）关于"健全的深层自我"的观点可以被看作理由反应机制理论的另一个例子，她认为只有当行动者做出的决定揭示了他健全的深层自我时，责任归属才是恰当的。一个行动者通过深思熟虑对他的欲望和行为进行的控制应该植根于他的真实自我，这表明行动者有责任的必要条件。

苏珊·沃尔夫认同法兰克福的说法，也认为人的行为受欲想的控制，同时，我们的一级欲想受到二级欲想的控制，后者构成了"更深层的自我"，是与生俱来的。在沃尔夫看来，一个可以产生责任的决定在发生过程中包括了三种不同的内容，分别是深层自我、行动意志和行动本身的相互作用。如果行动的意志是完整健康的，个人就可以根据深层自我的欲望来修正他们的行动。如果行动的意志是被损坏的，个人就无法根据自己的深层欲望来控制自己的行动。这一类人的例子包括有偷窥癖的人或者被洗脑的人，这些人群的行为不是因为有深层的自我控制行为，而是因

---

① 这部分的论述详见 Martin Fischer, *My Way: Essays on Moral Responsibility*. Oxford University Press, 2006. Martin Fischer and Mark Ravizza, *Responsibility and Control: A Theory of Moral Responsibility*, Cambridge University Press, 1998.

为一种外部、不可抗拒的力量。还有一种可能是行动的意愿没有受到损坏，但是深层自我本身是不健康、不整全的，是以一种有缺陷的方式被创造出来的，比如那些在虐待家庭中长大的人。这一类的人群，虽然他们的行为背后有一种"理由反应机制"，但是考虑到他们的决定和行为并不来自于一个残缺的深层自我，我们是否可以让他们为自己的行为担负完整的责任呢？

沃尔夫提供的一个关于邪恶深层自我的具体例子是：乔的父亲是一个邪恶的暴力团伙头子，乔长大后尊敬并爱着他的父亲，在乔的成长过程中，他们两人多年的相处扭曲了乔的深层自我，以至于乔看不出折磨和杀害他人有什么不对。在这一点上，乔有一个"疯狂的深层自我"，因为他真的想成为那样的自我。在沃尔夫看来，这样的乔不对他的行为负责，因为他内心深处的缺陷是遗传和环境的结果。然而，那些拥有"健全的深层自我"的人，即在他们的遗传或环境中没有任何东西给他们的深层自我带来如此深切的伤害的人，需要对他们的行为负全部责任。我们有能力根据自己的价值观来修正自己的行为，这让我们能够对自己负责，同时原谅那些在恶劣环境中长大的人，他们的环境让他们无法像健全的人那样，用理性标准来衡量好坏对错。深层的自我是人类内在的一部分，它有能力控制欲望、价值观，并负责自我反省。在深层自我缺席的状态下，这个人与内在的自我没有任何联系，他会因此而缺乏控制自己欲望和价值观的能力，也不能对自己的行为负责。

这种深层自我的观念解决了法兰克福那种模型产生的一些问题。比如，多层欲想控制模型无法解决是谁或是什么控制着一级欲望和二级欲望的问题。我们甚至可以得出这样的结论：欲望有第三个层次，或者说欲望层次是多重的。然而，无限层次的欲望是难以想象的。沃尔夫的内在自我的概念代表了一个更令人满意的解释。根据沃尔夫的说法，内在自我由环境和其他遗传特征所形成，但人的理性决定仍需经过推理形成。每个需要负责的行动都是经过深思熟虑的。人类有能力弄清楚自己行为的结果和后果。如果他们愿意，他们也有能力改变自己。因此，只要一个人被认为是正常或理智的，他就对他的行为负责①。

第三节　反应性态度与责任

第三种关于道德责任的兼容主义理论是彼得·斯特劳森（Peter Strawson）的"反应性态度"理论②。斯特劳森和他的支持者认为，道德责任这个概念最终反映的是道德共同体成员之间的人际关系。要理解道德责任，我们的起点是关注在哪些条件下社区成员应该或不应该让某些行动者负责，而不是行动主体需要为行为负责的条件。斯特劳森认为，追究行动者的责任就是对行动者的行为或选择有一定的反应情绪和态度。斯特劳森的自然主义的承诺使他相信，人类从心理上就注定要把这些情感和态度导向那些他们出于道德原因不赞成其行为的人。通过这些被动的态度，我们展示了在一个构成我们道德生活很大一部分的社区中，人和人彼此之间的相互认可和期望。

斯特劳森认为，我们可以对一个人采取两种不同的态度，一种叫反应性态度，另一种叫客观态度。我们用怨恨来作为例子。假如有人伤害你，比如把你推倒在地上，摔一个大跤。这个时候的你有可能不仅仅会对这个加害于你的人感到愤怒，甚至会产生愤恨。这些情绪性的反应态度远不是简单的对于对方是否要对自己行为负责任的理性判断，而与一种态度的互动关系有关。在这

---

① 关于这方面的论述，详见 Susan Wolf, *Meaning in Life and Why It Matters*, Princeton University Press. 2010.

② 更多论述请见 Peter Strawson, "Freedom and Resentment", In *Proceedings of the British Academy*, *Volume* 48：1962 以及其他相关文章。

段关系中，你可能会认为加害者应该道歉；如果他们这样做了，你可能会原谅他；如果他们不这样做，你可能会失去对他们的感情，对他们感到失望等。然而，如果他推了你是不小心的，你对于他的这些反应性情绪就会减弱。如果他事实上是冲过去想要帮助你，你的愤怒甚至可能被诸如感激之类的积极反应态度所取代。如果他们是因为其他的一些原因不小心推了你，你的怨恨的感情可能会有些减少，但它们不大可能完全消失。

当我们与周围的人形成联系和亲密关系时，我们需要某种标准来理解或丈量他人对我们的善意和关心的标准。在一段关系之内，我们往往会对对方采取反应性态度。与此相反，客观性态度要求我们去掉这种代入感。如果我们真的认为他人对自己的伤害是偶然造成的，并没有反映出他人对自己的恶意，我们会更加客观地看待这个行为。在某些极端情况下，我们甚至不再对一个人做的任何事情采取任何反应性的态度。例如，当我们面对一个患有严重精神疾病的人。假设一个人患有严重的精神分裂症，或者严重的抑郁症，这里我们就会对他采取客观化的立场，面对他们的胡言乱语或者恶言相向，我们不再对他们心怀怨恨。我们宁愿把他们当作需要治疗或管理的对象来对待，而不是一个和我们处于平等地位的、分享同样道德规则的共同体成员。我们应该如何理解这些不同的态度？首先，在斯特劳森看来，这些态度反映的是反应者的态度，而不是关于反应者面对的事实。我们甚至会对同一个人采取两种态度，这也是出于同样的原因。假设你有一个挚友。大多数时候，在这段友谊中，你觉得踏实又开心，同时在一些情况下你会对你的朋友产生各种反应性态度，比如当你认为对方看不起你的时候，你会怨恨；当你认为对方更信任别人时，你甚至会有一些嫉妒，等等。这些反应性态度和情绪有可能带来很多的压力，为了逃避这些压力，你有时会回到客观的立场。你会想起对方可怕的童年经历，你会向自己解释对方的所作所为是由于这些童年经历带来的不安全感，这个时候你不会继续抱有这些负面情绪，而更多地希望对方的心理缺陷得到救助和治疗。这个时候，你会认为他的行为和选择都是由那些不受他控制的不可抗历史和环境因素决定的，因此这些行为和选择反映的也就不是他自己的选择，因此你不应该为此感到愤怒或者嫉妒。也就是说，在某些情况下，人们可能会发现，把责任归咎于他人是不恰当的。在某些情况下，原谅他人实际上意味着不承认他们是一段道德关系之中的合格成员。换句话说，将某人视为负责任的行动者就是将他纳入道德关系中。在这种情况下，责任的必要基础，即反应态度，是人类社会和公共生活的一个基本特征。

几乎每个人都同意斯特劳森所表述的反应性态度普遍地存在于我们的日常生活和关系之中。哲学家之间的争议在于这种反应态度和我们理解的道德责任之间有什么关系。在斯特劳森看来，这些态度的存在为我们提供了对于道德责任的确切解释，我们对道德责任的理解不应该源自于自由意志是否存在，或者决定论是否属实这些形而上学的论断之上。

在斯特劳森看来，哲学家误以为，承认决定论的正确性将使我们放弃所有的反应性态度。但这样的想法是荒谬的。首先，我们不能放弃这些反应性态度，它们太根深蒂固了，如果放弃它们，那就是放弃我们的人性。其次，即使我们再换一个问法，决定论的正确性是否应该使我们理性地放弃这些反应性态度，而对于这个问题的答案也是否定的。我们是否应该理性地保留反应性的态度，这里的考虑立场是实用的（pragmatic）。而决定论是否为真，这是一个理论问题。回答实用性的问题，我们要考虑我们将如何受益于不同的答案，不同的答案如何帮助我们更好地理解自己，更好地去生活。如果我们放弃反应性态度，由我们的情感和相处构建起来的道德生活将会极度贫困。

在他看来，自由意志主义者的见解是一种空洞的形而上学命题。"这一命题（自由意志论）的发现，与它的决定论一样，很难以连贯的、可理解的相关性进行表述。即使找到了一个说法（'反因果自由'或类似的东西），它在特定情况下的适用性和它假定的道德后果之间似乎仍然存在差距。"斯特劳森本人对兼容主义能够调和决定论与道德义务和责任持乐观态度。他接受了决定论的事实。他觉得决定论是正确的。但他关心的是我们的道德情绪和态度这些心理事实。"我所称的反应性态度本质上是人类对他人善意或恶意或冷漠的自然反应，表现在他们的态度和行动中。我们必须要问的问题是：接受决定论的普遍论题的真理会对这些反应性态度有什么影响，或者应该有什么影响？更具体地说，对这一命题的接受，会或应该导致所有这些态度的衰落或否定吗？它意味着或者应该意味着感激、怨恨和宽恕的结束？"斯特劳森认为，决定论的真理绝不能否定这种态度，甚至是怨恨的感觉，除非他所说的"反应性"态度被普遍的"客观"态度所取代。如果发生了这种态度的取代现象，那么我们在默认所有的行为都是被决定的同时，也否定了一般的人际关系。

斯特劳森对自由意志与决定论的讨论作出了独到的贡献。他指出，无论这些形而上学的问题有多么深奥的真理，人们都不会放弃谈论和感受，我们依然会保留道德责任、赞扬和责备、内疚和骄傲、犯罪和惩罚、感激、怨恨和宽恕。在他看来，这些道德态度比自由意志、相容主义和决定论等毫无结果的争论更真实。它们是我们人类对一般人际态度的自然承诺的"事实"。他说，"关于道德情操的讨论已经失宠了，这很遗憾"，因为这样的讨论是"让这些争论者相互和解并接受事实的唯一可能"。斯特劳森兼容主义在当代关于责任的讨论中占据了主流的位置，尽管哲学家们对一个人可能被追究责任的适当条件仍有争议。比如一些人认为行动者必须具有通过语言和行为与道德共同体的其他成员沟通的能力，这种能力是道德责任的必要条件；而有些人认为，我们需要一些规范的公平原则来证明消极态度和责任归属的一般做法是合理的。

作为当代兼容论的一大主流理论，斯特劳森对于道德责任的理解自然也被那些关心集体责任的哲学家们用来理解集体责任的问题。哲学家遵循斯特劳森式的反应性态度学说，以此来证明让群体负责是合理的。我们在日常的语言和生活中，往往会对一个集体持反应性态度，在这些态度中，根据斯特劳森提供的标准，有一些是合理和恰当的。这里的想法是，对集体的反应性态度所捕捉到的心理事实内容和在个人层面捕捉到的是同一类内容。这些哲学家们追随着斯特劳森的观点，指出反应性态度是道德责任的组成部分，而这种态度也普遍存在于集体内部和集体之间的互动中，因此根据斯特劳森在证明个人责任时使用的类似逻辑，追究集体道德责任的做法是合理的。仅仅是因为集体没有自由意志，并不意味着任何集体都可以免除责任。这些理论家认为，如果不能以适当的反应性态度对集体的道德行为或性质做出反应，就会暴露出在理解人类社区生活方面的严重道德缺失，尤其是当这些道德考虑和人们所属的集体及其个人身份息息相关时。对这一点的解释将会在本书的后面章节做进一步的展开论证。

第四节　对于一般责任路径的反思

克利斯朵夫·库茨在他的《共谋》（*complicity*）一书中分析了当代道德哲学中的"责任"概念。他在书中进行的哲学研究既是规范性的，也是经验性的。在讨论责任问题时，库茨认为我们需要看到以"责任"为核心的一些道德原则有特定的目标和功能。其目标之一是提供"行动上具有指导意义的、心理上可行的原则"，使人们能够在一个高度复杂的人际交往的世界中找到自己的方向。本节我将在库茨理论的基础上对道德责任的一些原则以及这些原则的一般特征做一个简单的调查，目的是要确立这样一种观点，即人们作为共同体的成员和参与者，随着事情的发展而逐渐学会了他们所承担的责任。与之前介绍的主流责任理论不同，库茨指出，如果我们认为对于任何特定的伤害，无论伤害发生在什么特定的环境中，都有一个单一的、确定的、唯一确定的责任，那么我们其实是抱持了一种不合常理的想法。道德判断和责任归属的实践之所以可以被认为是合理的，部分原因是它们维持道德和社会关系，保护相关利益。根据功能主义的责任观，本书的结论试图表明，在考虑道德责任时，考虑社会和政治制度的安排十分有必要，也十分有意义，因为它们体现了对道德责任的关注。

库茨认为，当哲学家们在讨论道德责任，特别是个人道德责任时，往往会陷入评价性唯我主义（evaluative solipsism）。关于道德责任的评价性唯我主义的结论是，个人的道德责任完全由行为人的意志的内容和效果决定。例如，康德的责任理论就是评价性唯我主义的一个例子。考察康德关于说谎的论述，将有助于我们清楚地认识这种唯我主义倾向。

康德认为，即便一个杀人犯来到我们家门前质问，我们的朋友是否藏身于此处，我们也不应该对那个凶手撒谎。康德为他的论点提供的部分理由是，如果我们有意欺骗凶手，说我们的朋友不在自己家，而不知道我们的朋友实际上已经出去了，如果凶手后来撞见我们的朋友并将其杀害，我们可能会被公正地指责为我们的朋友的死因。相比之下，如果我们"严格地坚持真理"，那么我们就不会为自己的行为所造成的任何不可预知的后果而承担责任，正义也就无法对我们下手。这个论点的基本点是，责任应该完全从行为人的意图和行为的事实来理解。

对评价性唯我主义的承诺，导致了在个人道德责任中应用的各种原则。库茨认为，一般有三种类型的原则：个体差异原则、控制原则和自治原则。简而言之，个体差异原则指出，无论行动者做了什么，都不能对会发生的后果负责；控制原则指出，行动者只对自己能够控制的事件负责；最后，自治原则认为，行动者不对另一个行动者造成的损害负责，也就是说，从严格的道德意义上讲，没有人可以对他人的行为负责。本书的后面章节将对这三个原则做进一步详尽的解释。基于这些原则之上的道德责任，主要关注的是行动者做了什么，而不是他人应该如何回应行动者的行为。道德评价的对象主要是个人造成了什么或意在造成什么。这种方法的一个优点是，从直觉上讲，个人不应该对那些无意的、偶然的、由他人造成的行为和后果负责。换句话说，责任在本质上属于个人，因此应该完全归于个人。

这种唯我主义的理解似乎成功地抓住了我们对道德责任的一些常见直觉。然而在道德生活中，有一些现象需要结合道德责任的概念来理解，但根据个人道德责任的原则，这些现象却超出了道德责任的范围。这些现象就是集体行动的现象。稍加观察，我们可以发现讨论个人道德责任概念不足以帮助我们正确地将道德责任归在那些参与集体行动的个人身上。

集体行动的情况因成员个人对行动的贡献方式和参与程度的不同而有很大差异。最理想的集体行动类型是，集体行动的各个贡献者认同自己是集体的成员，与集体的其他成员有共同的目标，决定与他们合作，形成相应的个人意向，提出合作计划，实施计划，实现共同的目标。这种集体行动的贡献者对彼此的意图和行动都是相互知晓，相互呼应的。这只是对理想的集体行动形式的一般描述。还可以应用更多的条件来完成这个描述。理想的和完美的集体行动的范式案例是一起行动，比如一起跳集体芭蕾舞或一起跳探戈等行动。

即便上面的一些描述不存在，我们仍然有资格说存在集体行动。我们可以借用库茨作品中讨论的一个案例来说明。一个黑帮成员开始向监狱看守投掷石块。不久，其他人也加入了他的行列，他们集体冲进了监狱。在这个案例中，暴徒们自发地采取了集体行动。他们有一个共同的目标，就是攻破监狱，只有通过这个共同的目标，我们才能理解他们的个人行为。然而，他们并没有计划出集体行动。个别成员所做的每一个具体行动都构成集体行动，不需要其他成员一定能事先预料到。仅仅因为暴徒成员有意地参与了共同行动，并把他们的个人行为看作对集体目的的贡献，我们就有资格说每个暴徒成员对监狱的崩溃负有责任。

另一种类型的集体行动是在组织结构下预先进行的，我将其称为"结构化行动"。与我们上面讨论的情况不同，在结构化行动中，个别成员的行为往往是由他们在组织中所扮演的角色决定的。在结构化行动中，个别成员很可能不知道其他成员的意图或行为，有些成员不一定知道或认可组织的目标，个别成员的不作为也可能没有多大的作用。库茨在书中讨论的一个结构化行动的案例是1945年德累斯顿的轰炸事件。轰炸机司令部是一个"专门以烧毁城市、杀人为目的的庞大组织"。巨大的错误行为是由"每个人的贡献所带来的不可察觉的边际差异，以及轰炸机的互动合作结构所带来的"。现在，让我们考虑一下这个结构化行动的一个可能的参与者，比如说一个飞行员，他的一个角度。这位飞行员知道，只有非常年轻的、非常年长的和受伤的人留在城市里，他们将成为这次轰炸的受害者。飞行员痛恨纳粹德国给世界带来的伤害，但是即便如此他还是不愿意把恐怖的东西施展在平民身上。而且，他的飞机只是参与这次行动的一千多架飞机中的一架。不管他参加与否，他所装载的炸弹对结果不会有太大的影响。反正这次大规模的轰炸造成的伤害是要发生的。飞行员通过参加这次集体轰炸行动，可以合理地认为自己作为轰炸机司令部这个组织中的一员，"只是尽了自己的本分"。

最后一种是无结构化的集体行为，在这种情况下，有个体行为者不与他人分享目标，有时甚至不是集体行为的有意参与者。这种集体行为反而是个体行为的汇合，是由每个人的因果贡献带来的结果。这类集体行为的一个例子是，一个商人在明知购枪者的目的是做犯罪活动的情况下，仍然为其提供枪支。从某种意义上说，枪支商人对犯罪分子事后的犯罪行为是有因果贡献的。但是，他既没有为犯罪行为背书，也没有把自己看成"尽了自己的本分"。

根据个人道德责任原则，上述各种类型的集体行为的个体参与者似乎不需要承担道德责任。在某些情况下，参与者并不打算造成集体行为的后果；在某些情况下，他们并不清楚自己所参与的具体集体行为；在某些情况下，个别参与者的行为并没有给最终的有害结果带来任何可见的差异。说穿了，集体行为的发生可能是个别参与者无法预见、无法预料、无法预谋、无法控制的，因此，要求个别参与者对集体损害结果负责似乎是不合理的。每个参与人都可以辩称，集体伤害是由他人造成的，将责任归咎于特定的个人，是违背自治原则的。在个人道德责任原则的反思指导下，作为个体的人与作为集体行动成员的人之间的伦理联系就会消解。库茨将这种现象称为"个人责任感的消失"。

我们面临的挑战是要有一种关于责任的叙述，使我们能够将这些"集体"的情况纳入我们的道德话语中。第一，该理论应该能够充分处理个人责任消失的现象；第二，该理论应该是一种相当简约的理论，其优点是对各种行动的描述性覆盖面较强；第三，该理论应该把行为者作为具有自己的特点、决定、承诺的不同的人对待，并对个人的差异敏感。我同意库茨的观点，即在个人道德责任方法所呈现的图景中，缺少了一个重要的责任维度。在这种情况下，行动者应该得到的反应性对待被认为是应该由行动者行为的对错好坏所决定的，而这些错误或正确是由行动者的能力、意图和其他偶然影响所导致的。但是，承担责任并不是行动者或其行为的内在和固有的特征。一般来说，责任的概念不能仅以该行动者的事实为基础，也不能仅以该行动者的事实来解释。要理解责任，除了弄清行动者的性质之外，还需要做更多的事情：他的意志、他的行为、他的意图，等等。行动者应得到的回应性对待，不仅仅是由有关该行动者的事实决定的。

库茨指出，道德判断和责任归属的实践，是社会生活统一的、动态的系统的基本要素。我们的责任归属实践不仅是由行为人的意志品质来解释的，而且是由我们与行为人的关系性质来解释的。对行为人所做的事情的理解本身就是由我们的社会关系所赋予的，任何责任的概念本身都必须从关系上解释，也就是说，责任是行为人与被行为人之间的关系的特征所决定的。责任应该被理解为一个关系和地位的概念，也就是说，责任的归属是由行动者的地位和他与道德社会其他成员的关系等因素决定的。回到前面所举的一个例子，我们有理由期待参与德累斯顿爆炸事件的行动者用个人道德责任原则为自己开脱，并认为他对苦难和死亡不承担任何个人道德责任，这不仅是因为他本人从未认可过伤害，而且是因为他的个人行为对结果也造成不了太大改变。对于德累斯顿爆炸案的受害者来说，他们可能会了解到某些个别爆炸者没有具体的伤害意图，他们也可能会看到爆炸案的发生在劫难逃。然而，从被害人的角度看，对单个投弹人的实际推理的认识，对于炸弹指挥部中的个别参与者造成的集体伤害，这些几乎没有什么开脱的力量。简单地说，根据道德责任的关系视角，行动者应该得到不同的人的多种多样的回应。应得模式所许诺的道德责任的单一性是站不住脚的。

如果说这样的责任观是正确的，那么，"哪种行动主体具有个人的道德地位"这个问题就没有我们想象的那么重要了。关键是要找到一种关于责任的说法，反映出对行动者与受动者之间关系性质的理解。人们对他人承担着责任的关系，使他们之间的道德关系一开始就有可能存在。在道德共同体中成功地体现了这种人际关系的责任论，可以作为一种行动指导原则来维持和促进道德、社会和政治关系，以及这些关系所保护的利益。我们非常需要这种原则，尤其是当我们看到当代生活中最重要和影响最深远的后果往往是社会和体制结构的产物。

根据上述对责任的理解，库茨提出了他的责任共谋原则：当我故意参与他人所做的错误或造成的伤害时，我对他人的行为负责。我对我们共同造成的伤害或错误负责，而不考虑我的行为对最终结果造成的实际差异。

没有参与就没有牵连。当唯我主义原则开脱了个人责任并使个人责任消失时，共谋原则就会产生牵连。共谋原则使我们能够追究那些对各种集体行为有贡献的个人参与者的责任。行动者不一定要有损害的意图，也不一定要知道确切的损害，也不一定要有作为的能力，就可以被追究共谋的责任。正如库茨所说的那样。在任何情况下，无论行动者喜欢与否（通常他们不喜欢），我们都会一起做错事，即使我们既没有什么特别的意图，也没有任何共同意识。因为我们的行为超出了我们的意图，而且因为它们的影响可能会与我们既不了解也不关心的行动者所造成的损害重叠，所以我们总是与他人共谋，并产生我们永远无法想象的责任。

库茨关于责任的最低限度论述的一个优点是其卓越的描述性覆盖面。极简主义论述使我们能够处理责任的多样性。总之，库兹认为共谋责任论的功能在于反映出社会道德共同体中行动者之间的相互理解关系，并提供指引，使行动者能够在共同体中确定自己的方向，并以彼此满意的道德方式规范自己的行为。库茨关于责任的论述为我们继续深入探讨这个问题提供了一个很有希望的起点。从共谋的角度对于责任的考虑"给参与者提出了问题，迫使他们思考自己与社会结构之间的关系存在着什么意义，并在此基础上采取行动"。这就要求我们必须以这种责任的说法为根据，来组织道德、社会和法律的责任规则和实践，以稳定和促进我们的关注和利益共同体。因此，社会安排如果能够明确地考虑到责任概念，就能提高人们对其道德和公共生活的思考和决定的质量。

第三章　理解集体行动

第二次世界大战后，关于责任的讨论出现了新的面貌。哲学家们开始通过调查集体负罪感和历史不公平问题来探索"责任"这个概念的集体维度。随着全球化的到来，关于集体责任的讨论得到了进一步发展。我们随便翻看任何一本社会科学的著作，或者新闻纪实作品，都可以看到各种涉及集体概念的内容。然而，正如从本书一开始就强调的那样，我们很难精确理解集体责任这个概念。在哲学家群体中，对集体责任概念普遍持怀疑态度的理由相当简单。从最简单的道德直觉上推断，人们似乎只应对他们自由选择采取的行动承担道德责任。要将责任恰当地归于行动者，通常需要行动者在知情的情况下自愿采取行动。因此我们似乎有理由认为，既然任何集体都不具备形成意图和做出决策等所需的能力，而这通常被视为心理和精神活动，那么将责任归于任何集体都没有意义。因为集体，如家庭、国家、城市、公司或街头帮派，在基本和明显的意义上没有这些心智能力，因此他们不应该被认为是负责任的行动者。这种思路导致了道德责任本质上属于个人的结论。

为了给集体责任的讨论奠定基础，首先需要讨论的问题就是集体行动。"集体行动"问题从来就是一个颇为棘手的哲学问题。在这些讨论当中，集体行动的意向性问题格外引人注意，因为众多社会科学的研究需要建立在对于集体行动意向性的确切理解之上，比如政治学对于国家行为的分析，经济学对于市场选择的解释，以及社会学对于公共秩序形成的剖析。分析传统下的行动哲学家们把集体意向性理解为一个集体就某一种目标、认识、信念和价值观共同产生的心智力量（power of minds），比如一个集体共同形成的看法或信念、共同目标以及实现目标的计划、共同享有的是非对错判断、甚至集体成员共有的情怀和感受等。

尽管分析哲学家关于集体意向性达成了一些共识，但他们之间仍然存在许多基本的分歧。比如，在集体行动中成员彼此之间是否必然产生新的义务关系？如果不同成员出于不同的理由参与到集体行动当中，什么才算是集体行动的理由？适用于个体行动的理性逻辑是否同样适用于集体理性？集体行动产生的责任是否可以完全还原成成员的个体责任？在回答这些问题之前，我们需要了解当代集体意向性的研究流派和它们的理论。

尽管集体意向性（collective intentionality）的确切说法直到20世纪80年代才出现在哲学文献中①，类似的概念却在近现代思想史上早已出现。譬如法国社会学理论家涂尔干曾经提出过集体意识（collective consciousness）的说法。涂尔干认为集体意识的存在独立于每个个人头脑中的思维状态。它们是"一种行为、思考和感受的方式，具有外在于个人意识的非凡特性"②。这种独立性体现在它们不可能被完全还原成个人层面的事实。涂尔干认为，每个个人的想法通过互动而产生的集体表现形成了社会，这种集体表现不直接来自于个体想法并超越个人想法，这并不令人惊讶。这些集体的意向和行为从根本上有别于个人意向和行为，因

----

① 详见 Schweikard, David P. and Schmid, Hans Bernhard, "Collective Intentionality", *The Stanford Encyclopedia of Philosophy* (Summer 2013 Edition), Edward N. Zalta (ed.)

② 详见，Emile Durkheim, *The Rules of Sociological Method: And Selected Texts on Sociology and Its Method*, Simon and Schuster. 2014. p. 51.

为它们"不存在于个人的意识中"。这种认为集体现象从个体现象中突发（Emerges）出来的路径被后人承继，开启了后来的突发主义（Emergentism）。采纳这个路径的学者大多认为集体意向本身的存在超越了（goes beyond）个体意向。对于个体成员意向的认识，无论多么完整和充分，都不等同于对集体意向的理解。

突发主义的理论优势是显而易见的。通过强调集体意向是一种独立客观实在，突发主义有效地解释了集体行动的产生，并确保了以集体行动为基础的社会事实的客观实在性。当代众多社会科学的研究往往采纳这种看法，把社会事实作为一种客观实在，并在它们之间建立起各种关联。我们经常会在经济学或者政治学著作里读到这样一些说法，比如"硅谷将会打破传统资本主义的商业运作模式"，"极权国家往往诉诸民族主义情绪来缓解内部压力"，等等。这些说法的本质是把一个集体的意向和行为作为一个出发点，来解释更多的集体和社会事实。但是一些哲学家认为，突发主义对于集体意向的理解有一个致命的弱点。这些哲学家认为，意向（intention）的形成需要一个实体基础，一个持有者（bearer）。换句话说，"想要""打算""渴望"这些想法的形成需一个物质实体，也就是"大脑"。单个个人能够形成意向的必要物质前提是"大脑"这样一个功能组织。虽然不是每一个拥有大脑组织的个人都一定能够形成"意向"①，但是没有大脑，个人必然无法形成意向。然而一个群体是没有大脑的，只有群体中的具体个人才拥有大脑。如果我们认为集体意向是一种超越并且独立于个体意向的实质存在，那么这种存在的物理基础是什么？批评者认为，突发主义无法回答这个问题。因此，突发主义理解中的集体意向是没有实质存在基础的，或者说它的存在在形

---

① 譬如临床医学中的植物人，被认为拥有大脑，但是处于没有意识的状态，因此也就不能形成意向。

而上学意义上十分"诡异（spooky）"和"魔幻（magic）"①。

　　和突发主义持相反观点的是还原主义者（reductionists）。持这一类观点的哲学家认为实质存在的只有个人意向，而所有关于集体意向的说法只不过是对于成员个人意向的间接指称（indirect reference），所谓集体意向最多是一种比喻意义上的（metaphorical）修辞说法。对于集体意向的理解最终是通过对于个人意向的考察完成的。换句话说，心理学、脑神经科学甚至是基本生物学的原则足以解释集体行动和社会事实。集体意向可以完整地、穷尽地、没有残余地被还原成个人意向，最终不过是个人的脑部活动。严格地说来，在个人的脑部活动之外，不存在任何独立的、实在的社会事实。当代社会科学哲学家乔恩·埃尔斯特（Jon Elster）就是还原主义的捍卫者。他认为："社会生活的最基本构成是个体人类的行为。要解释社会构成和社会变革也就是要说明它们是如何通过个体行为和个体互动产生的。"② 哲学家们对还原主义路径同样抱有批评的态度。很多人认为，仅仅从个人出发研究集体意向过度分解了这个现象，无法充分解释集体行动中的集体性（togetherness）体现在哪里，以及集体意向的特殊性。

　　在讨论这些理论之后，本章的重点不在于直接提出有关于集体行动的理论，也不计划为某一种具体的集体行动理论作出辩护。在这一章中，我想要例举讨论一些哲学家们试图理解集体行动的说法，之后从这些说法中提炼出一种可能整合这些说法的方式。同时，这一章的目的还在于挑战质疑集体行动的强硬说法，也就是之前提到的还原个人主义，在此基础上勾勒出一个合理可

---

　　① 对于这一类批评的总结，见 Nenad Miscevic, "Explaining Collective Intentionality." *American Journal of Economics and Sociology*, 2003 62（1）.

　　② Jon Elster, *Foundations of Social Choice Theory*, Cambridge University Press, 1989, p. 13.

能的，但不算完备的集体行动理论，为下一章讨论集体责任问题奠定基础。

这一章的第一部分将仔细描述关于集体行动的怀疑论的内容，因为这是对群体集体性（group collectivity）最为严重的挑战。接下来的三个部分将分别讨论三种从哲学层面构建集体意向和集体行动的路径，分别是行动者集体主义、意向集体主义和参与集体主义。在呈现三个路径各自的内容特质和问题之后，本章的最后一部分讨论在个人意志和行动中安置集体性的可能方式，同时分析合理的集体行动理论的相关概念应该具有的一些特质。

第一节　还原个人主义

还原个人主义（reductive individualism）是各种质疑集体行动的理论当中最强硬的一支。一般来讲，还原个人主义者或多或少都抱有类似物理主义（semi-physicalism）和还原主义的主张。在持这种观点的学者看来，理解集体意向的方式是探究它的更为基本的构成，也就是个人意向。而其中有一部分人甚至认为，理解个人意向的方式也是去探究它更为根本的存在，也就是在生物或者物理层面，人类的脑部组织和脑部活动。因此，对于大多数还原个人主义学者来说，集体意向最后的实在一定是落在一个个具体的脑部状态和脑部活动上。在他们看来，集体意向的说法只是对于个体脑部活动和脑部状态的一个总括性的描述。实质存在的只有个人意向，或者说个体大脑思维活动，而所有关于集体意向的说法只不过是对于成员个人意向的间接指称（indirect reference）。换句话说，所谓集体意向最多是一种比喻意义上的（metaphorical）修辞说法。对于集体意向的理解最终是通过对于个人意向的考察完成的。心理学、脑神经科学，甚至是基本生物学的原则足以解释集体行动和社会事实。集体意向可以完整地、穷尽地、没有残余地被还原成个人意向，因为它最终不过是个人的脑部活动。在个人的脑部活动之外，不存在任何独立的、实在的社会事实。当然，在不同的还原个人主义之间还存在关于不同问题的争论和看法。

在日常语言中，我们常常说一个集体做了什么，比如我们会说"这个大学的哲学系要雇用一个新老师"，或者"底特律这个城市正在考虑申请美国城市历史上最大的一次破产"。这样以集体为主语的表述方式充斥着我们每天的日常生活。对于这样一些日常语言的使用，还原个人主义者强调，那种把一个行为或者思维状态归属于一个集体的说法，只不过是间接地去描述构成这个集体的每个个人。换句话说，任何有关于集体行动的说法都只是比喻性的，描述的是个体成员的综合状态。如果将这种说法推延到集体责任的归属上，一个集体所具有的责任只不过是一种简化的说法，其背后的真正所指是这个集体当中的个人需要为自己的决定和行为所担负的责任，否则任何集体责任的说法都是没有意义的。这背后的推理，简单一点来看，是责任有赖于行为，行为有赖于动机和意图，因为群体不可能是一个具有意图和动机的主体，所以它不能够成为恰当的责任承担者。

在还原个人主义内部依然存在不同的主张立场，在不同的问题上学者们依然持有不同的立场和论证。在这里我主要介绍还原个人主义的一个主流性人物——约翰·塞尔（John R. Searle），以他的理论为例来具体说明这一类理论的内在推理和论证。

约翰·塞尔是当代心灵哲学的领军人物，他对于意识和意向性的研究、对于心灵实在主义（realism）的阐述在学界影响巨大。塞尔在 1996 年的著作《社会实在的建构》中着重阐释了集体意向的问题①。在这个问题上，塞尔的立场颇为精妙。一方面，

---

① 更多论证详见 John Searle. *The Construction of Social Reality*. Free Press. 1995.

塞尔认为集体意向不能被还原成个人意向，其本身具有原生性（primitivity），"要把集体意向性还原成个人意向性的努力必然失败"。另一方面，塞尔又指出，集体意向不能独立于个体思维活动的现象，换句话说，集体意向是一种生物学现象，最终要归结到每个个体的大脑思维。这种说法又让他听上去像个还原个人主义者。塞尔声称，他的理论可以同时解决两个问题。第一，集体意向得到了实实在在的、形而上学上不再"诡异"的超自然或者超物理的存在基础，集体意向就像个人意向一样，最终存在于人类大脑之中。也就是说，集体意向和个体意向具有一样的物质基础。第二，强调集体意向的不可还原性可以有效地把集体行动与单个个人的思维和行为区分开来，为各种针对社会事实的研究提供合法性支持。

在《社会实在的建构》一书的开头，塞尔解释了他对于集体意向的兴趣来自对社会事实的研究。我们的生活中充斥着各种由集体行动构成的社会事实，比如货币、市场、政府、婚姻等。这些社会事实和参与其中的个人的意向之间有着复杂的关联。一方面，这些社会事实的存在有赖于个人意向，换句话说如果参与其中的每个个体的头脑里都没有这些事实，那么这些事实就不复存在。在一个人人都不知道货币是什么的社会里，货币是不存在的。另一方面，这些社会事实的存在又不依赖于个人意向，或者说某些个体在某些时刻因为某些原因对于社会事实的否认并不能导致社会事实的失效。比如婚姻关系并不因为其中某些个人意向的改变就消失了。在塞尔看来，社会事实的客观存在和人类的生物意识之间有一种奇妙关联，关键之处在于后者能够产生集体意向，作为前者存在的基石之一。他问道，"有一个力量场域里有由金钱、产权、婚姻、政府、选举、足球赛和鸡尾酒会等构成的的客观世界，而同样的某些物质单位又构成了一些有意识的生物体，比如我们自己，这究竟是如何可能的呢？"

　　根据意向主体的不同，塞尔把集体意向简称为"我们—意向"，把个人意向称为"我—意向"。在塞尔看来，还原个人主义者认为所有的"我们—意向"都可以还原成"我—意向"的集合，附带上一些补充性信念（complementary beliefs）。可以用集体行动的最小单位"两个人的集体"来做例子说明这个问题。假设我和朋友小明想要搭火车去度假。根据还原个人主义，这里的"我们想要搭火车去度假"可以被还原成（1）"我想要搭火车去度假"加上（2）"我知道/相信小明想要我和小明搭火车去度假"。为什么这样的还原是不成功的呢？在塞尔看来，这里有一个无限循环问题。还原后的第二部分里，"小明想要我和小明搭火车去度假"需要进一步还原成（1）＊"小明想要搭火车去度假"加上（2）＊"小明知道/相信我想要我和小明搭火车去度假"。而这里的（2）＊部分需要再次还原。无限循环的原因是还原主义在还原一个集体意向的时候，在还原后的个人意向里不得不预设它本来想要还原的集体意向。

　　在塞尔看来，单纯的还原个人主义的另外一个问题是混淆了范畴，把一些本质上并不属于集体行动的现象认定为集体行动。这里用塞尔的一个例子来说明这一点。假设有一届商学院的学生，经过教育和训练，他们都深信每个人在市场上追逐私利时市场会优化市场资源配置。毕业后，这些学生在从事商业活动的时候都竭尽全力地追逐自己的利益最大化，与此同时，他们也有效地优化了市场资源配置。塞尔问道，在这个例子里，这群学生一起作出了优化市场资源配置的集体行动吗？如果我们采用还原个人主义的说法，就会误以为这个例子有集体意向，因为这里的每一个个人都有（1）"我要追逐私利，这会带来市场资源优化配置"加上（2）"我知道/相信我的同学要追逐私利，这会带来市场资源优化配置"。但是就像塞尔指出的，这里的资源配置优化并不是一个集体行动，而仅仅是个人行为简单叠加共存之后的意外后果。换句话说，这个例子里没有真正的"我们—意向"，没有"我们一起通过追逐私利来优化资源配置"的集体意向。一群人在共同的时间和空间里做出的行为并不意味着这群人一起做了这个行为。一个集体行动必须包含人与人之间的互动和合作，而互动与合作必然要超越个人意向。通过这个例子，塞尔说明了为什么仅仅考察个体性的"我—意向"无法帮助我们真正把握集体行动背后的集体性，这种集体性体现在集体行动中的个体必须认识到"我的行为是我们共同行为的一部分"。

在反驳了还原个人主义对于集体意向的解释之后，塞尔开始正面论述他的集体意向理论。塞尔认为还原个人主义的迷思在于认为个人的头脑里只能产生个人意向，换句话说，一个人的脑子里只能产生"我想要如何如何"的个人意向。个人是可以采用"我们想要如何如何"的方式思考的，也就是说单个人的头脑里是可以有集体意向的。诚然，我的所有思维生活都在我的脑子里进行，你的思维在你的脑子里进行，所有人都一样。但是这不意味着我的思维生活必须总是以我作为第一人称的形式表达出来。我的集体意向可以很简单地表现为"我们想要""我们要做什么"的形式。在这样的情况下，我的意向是我们意向的一部分。在每一个个人头脑里存在的意向性有"我们想要"的形式。

塞尔的还原个人主义最终指出的是，"我们—意向"是每一个个人大脑的原生思维机能，有着最基本的生物基础，它与"我—意向"是在同一个阶层的能力，而不是由"我—意向"累积叠加而来的次生品。在塞尔看来，所有的意向性是且仅是具有心智的一个特征，而心智是一种生物现象，因此无论是个人意向还是集体意向，最终只能在生物层面上进行理解，集体意向的存在不会超越了个体大脑的生物基础。一个没有大脑基础的主体是没有办法产生意图或者计划、打算的。"集体"作为一个主体，并没有自己的在生物意义上的脑组织，而且集体的成员也没有共同分享这样一个生物基础。一群人，不在任何实在的意义上"一心一意"。因此，我们也就可以认为，集体作为一个整体，缺乏思维能力，没有办法拥有情绪，同时也没有办法形成看法和信念，可想而知，也就谈不上能够作出任何有意义的行为。换句话来说，在个人行动之外没有办法存在任何意向或行动。这样的看法被称为还原个人主义，或者说对于集体责任的极端怀疑论，持这种观点的学者认为，必须是大脑，也只有大脑才能够让一个实在主体成为一个行动者，作为一个必要条件，只有大脑才能够让一个实体形成看法和理念，拥有情绪和欲望，以及最后有所作为。

第二节　对于塞尔还原论的反思和批评

塞尔的集体意向理论创意独特，精巧仔细。一方面指出集体意向的物理基础必然是单个人类大脑；另一方面又指出单个人类大脑产生意向的表达方式不一定是第一人称单数，而可以是复数人称。通过区分集体意向这个现象的物理基础和表达方式，塞尔似乎成功地解决了集体意向概念的内在矛盾。但是，这种对于集体意向的理解是否充分有效地划分并解释了集体行动呢？

沿用塞尔批评还原个人主义的方式，我们也可以引入一个假设例子，通过例子来说明塞尔理论存在的问题。假设小明和小强是两位好友，经常一起从事各种活动，但是他们在生活中有不同的价值取向。小明关注强身健体却从不关心环境问题，小强关注低碳环保却从不关心运动健康。小明和小强同时坚持在一年里骑自行车上班。在年末的时候，小明总结说"我们在这一年里一起坚持强身健体"，而小强认为"我们在这一年里一起坚持低碳环保"。按照塞尔的理论，在这个例子里，每一个单个个人都有一个集体意向，因为小明和小强都在各自的脑子里形成了复数第一人称的意向。但是，我们是不是可以说小明和小强共同参与了一个集体行动呢？如果是的话，究竟是哪一个集体行动呢？

　　这个例子告诉我们，塞尔的集体意向理论给出了集体意向的部分必要条件，但是却远没有给出充分条件。正如例子中的小明和小强，他们各自虽然都产生了"我们—意向"，但是这两个"我们—意向"之间缺乏必需的重要关联。二者没有内容上的重合，没有因果解释的关系，甚至两位主体之间没有就各自的"我们—意向"进行交流和相互确认。虽然在这个例子里两个个人的头脑中都出现了塞尔所说的"我们—意向"的表达形式，但是并没有出现真正的集体意向，因此也就谈不上存在集体行动。塞尔的集体意向理论仅仅强调了个人头脑中需要产生以"复数"形式表达的"我们—意向"，但是一群人的头脑里各自出现的"我们—意向"可能有不同的内容。如果这些个人头脑中的"我们—意向"之间没有相互的沟通和认可，这些"我们—意向"完全有可能是单个个人对于集体和他人的一种毫无根据的幻想。这个批评可以在塞尔关于集体意向的另一个说法里得到验证。塞尔说，"容器中的脑子可以拥有所有的意向性，无论集体的还是个人的"。塞尔在这里强调了集体意向和个人意向具有同样的生物基础，但是通过仔细的分析我们可以看出这种说法在个人层面上尚且成立，但是如果在集体层面的意向和个人意向唯一的重大区别只是意向表达的方式不同，那么塞尔给出的集体意向有可能仅仅是个人头脑中对于集体的虚构和臆想。就之前的例子来说我们可以做更加极端的假设，如果故事中的小明认为所有城市中骑车上班的人群都在强身健体，不经过调查询问就在头脑中产生"我们一起坚持强身健体"的想法，根据塞尔的理论，小明的这个意向完全可以被合理地称为集体意向。然而需要指出的是，这样一个"集体意向"完全没有办法帮助我们判定集体行动的产生或者解释社会事实的存在，这也就证明了塞尔集体意向理论的重大不足。

　　塞尔对于还原个人主义的批评同样适用于解释自己理论的不足所在。一个合理有效的集体意向理论必须帮助我们理解共同行动的集体性（togetherness）。塞尔的理论很好地解决了集体意向的存在物理基础问题，但与此同时这个理论依然采用了一种过度个人化（over‑individualized）的视角来理解集体意向，错误地把集体意向理解成一个独立的生物组织即单个人类大脑，可以单独完成的行为。这种方式依然无法解释集体性，因为它完全忽视了集体性的一大基本条件，即每个个体头脑中以"我们—意向"出现的想法之间需要沟通、互动和相互认可，以及在这种交互基础上形成的真正的"我们—意向"。我们可以将这个基本要求称为"交互性条件"（mutuality condition）。当然，交互性条件的具体满足程度和方式在本书的后半部分还会有更多的讨论，它包括比如人和人之间具体的沟通条件、互动方式和相互认可的程度，这些都会影响集体意向的最后产生。然而有一点是肯定的，任何试图充分解释集体意向现象的理论必须在一定程度上满足交互性条件。

　　加入交互性条件是不是会把集体意向复杂化，使得集体意向和个人意向的差异扩大化，导致"我们—意向"和"我—意向"又成为两种在形而上学层面分属全然不同类型的现象，最终破坏掉塞尔为集体意向所建立的物理基础呢？我们可以假想一个批评者提出异议说，如果我们认为塞尔说的是对的，也就是说个人意向和集体意向在存在基础上都是人类的心理状态和大脑活动，那么两种具有相同形而上基础的现象应该在真值判断上具有同样的条件。然而在个人意向的真值判断上，只需要一个心理状态"我想要"或者"我打算"在脑部产生，个人意向断言的真值就满足了，可是在集体意向的真值判断上，单靠心理状态"我们想要"或者"我们打算"的存在与否不能满足集体意向的真值，还要加上这些"我们—意向"在形成过程和内容上满足交互性条件。如何才能合理地说这两种意向具有的形而上基础相同但是真值条件不同呢？对于这个意见的回应在我看来可以从两方面进行。第一个方面，关于意向断言（intentional proposition）的真值条件本身就是一个充满争议的话题。换句话说，即使是个人意向的真值条件都没有这里讨论的那么简单直接。在我们弄清楚个人意向的真值条件之前，就坚持集体意向的真值条件和它有根本类别上的不同为时过早。在本书中，我想要强调的是第二方面的回应，这是一个从行动哲学中行动理由（reasons for action）和规范推理（normative reasoning）考虑出发的回应方式。

随着行动哲学的发展，哲学家们对于行为背后的认识、动机、意向、欲求和理由都有了更为细致的研究和讨论。传统意义上我们对于行为的理解十分简单粗糙。通常我们认为一个行为背后有驱动的欲求和动机，这些动机揭示了行为者的某些偏好，偏好的强弱加上理性的约束力给出了东西。与此同时，根据相关的信息和知识行动者形成某些信念和认识，与动机结合之下产生最后的行动意向和最终的行动。引起行为的一系列原因以及行为者的理由被认为呈现一种直线关系（linear），不存在冲突和对立的关系。除此以外，在解释个人行为时，传统理论还认为行为者本人对于行为的理由和动机有着最直接和强有力的控制，同时一个人可以直接认识到自己的意向，这也就是我们后来所说的第一人称特权（first personal privilege）说法。在这样一种传统解读下，集体意向显得和个人意向十分不同，因为集体意向的真值不能被意向主体直接体认，只在部分程度上受到集体控制，而且行动的构成主体必须通过交流沟通等间接方式来试图实现交互性条件，达成不同行动意向间的协调一致。同时，即便集体意向都具有"我们—意向"的形式，并保持了内容上的一致，一个集体行动背后的认识、诉求和理由却还是有可能不尽相同。与个人意向的直线因果不同，集体意向背后的理由可能呈现一种来源路径不同，同时呈现网状收拢（convergence）的实现路径，批评者往往担心我们是否需要讨论"我们—意向"的交互重合究竟要采用一种什么样的方式，达到一个什么样的程度才算满足集体性的真值。

针对这种担心，我们可以提供一种"彼此彼此"（tu quoque）的辩护。发展中的行动哲学研究已经日渐明显地发现，个人行动意向背后的单一直线理解本身可能是有问题的。即便是在个人层面，一个人的行动意向形成也可能出现多线网状的形式，因为一个人的偏好可能由于种种原因无法转换成动机，而一个人的动机也可能因为理性认识和判断而无法给出行动意向，甚至一个人的行为理由可能是理性认识和欲求动机等多条因果线并行形成。换句话说，一个人是否对他的行为和行为意向有着强大的控制和把握，是否有清晰准确的认识，可能都比我们之前设想的更加复杂和不确定。更为重要的是，并不是每一个个人的每一个行为都是一个意向行为。个人的身体动作（body movements）可以是无意识的（unconscious），被迫发出的（coerced），或者由冲动导致的（impulsive），因而是非意向的（unintentional）。个人的意向行为需要具备意识（consiousness）、思考（thinking）和理由（reasons）等构成成分以及一个考量路径（deliberative route），这个考量路径综合之前的成分最后给出意向决定。而这种个人意向行为背后的考量路径实际上可能与我们之前讨论的集体意向的形成路径的结构十分相似。个人不同的认识、信念和动机从多个角度通过彼此间的妥协和协调最终形成个人行动意向，正像集体中的个人持有不同的认识和意向，同时通过沟通和互动最终形成集体行动意向。也就是说，个人意向的形成与集体意向的形成有着生成结构上的巨大类同。这种思路让行动哲学家们在讨论意向性时更多地去考虑能动性（agency）这个概念本身，而不局限于拥有意向性主体的性质。

第三节　非还原主义的集体行动理论

如上所述，还原主义的路径很难满足集体行动中的意向性交互条件。需要看到的是，集体行动这个现象比还原个人主义者所理解的要复杂得多，也丰富得多。譬如，许多哲学家认为个体行动者的结构与集体行动者的结构有许多相似之处，也有很多差异。取决于在个人意向性和集体意向性之间持什么样的类比观点，对于后者的讨论也呈现出不同的面貌。

有一些哲学家认为，个人行为和责任与集体行动和责任之间的可比性存在差异。集体行动和意向可以为个人行为带来额外的规范性要求。譬如，玛格丽特·吉尔伯特（Margaret Gilbert）声称，如果一群人以某种方式共同行为，就构成一个多元主体。这个集体中的每一个成员都可以被认为是彼此欠下了促进履行共同承诺的行动。换句话说，吉尔伯特认为，由相互承诺而不是集体决策过程产生的群体团结保证了群体的责任。乔尔·范伯格（Joel Feinburg）也提出了类似的观点，他认为，当群体成员对彼此的利益或群体的共同利益表现出强烈兴趣时，就实现了高度的群体团结，并因此产生了集体责任。

菲利普·佩蒂特（Philip Pettit）则认为集体与个人有着相似的道德地位，因为集体行动者作为一个群体进行商议，一起选择，并且能够走到其评价判断的终点。通过让该团体负责，它向团体的成员表明，他们应该制定一个例行程序来控制他们的集体，因为他们最终将作为一个团体承担责任。

还有一些哲学家认为集体团结对集体责任的发生要求过高。迈克尔·布拉特曼（Michael Bratman）认为，如果一个组织松散的团体的成员有相关的次级计划，并且认识到他们的意图相互依赖，那么这个团体就可以说是集体打算采取行动。小组成员将彼此的意图纳入自己意图的内容，并在共同审议中予以重视。然而，这并不一定涉及他们价值判断的共同性。成员可以出于不同的原因参与集体行动，但他们的共同估价仍然可以建立一个共同的框架，使他们能够执行集体计划。成员意图之间持续的相互依存和相互联系，保证了集体责任的归属。

更为极端的观点认为，一些尚未形成集体的个人，即便没有积极主动地参与到集体行动之中，也需要担负集体行动带来的责任。比如，霍华德·麦克加里（Howard McGary，1986）认为，松散组织的团体可以为他们的成员提供利益，这足以使成员认同该团体。成员们不一定认为自己有共同的利益。而弗吉尼亚·霍尔德（1970）也考虑了追究未成形群体责任的可行性，她认为，如果一个群体未能组织起来，并且在显然需要集体行动时保持被动，则应追究未成形群体的责任。

在这一章接下来的内容当中，我将把哲学家理解集体行动分成三种方式，也就是通过集体行动者（collective agent）、集体意向（collective intentions）和集体参与（collective participation）三个方面的特征，来解释集体行动的来源和基础，因而这三种观点也被分别标记为行动者集体主义（agent - collectivism）、意向集体主义（intention - collectivism）和参与集体主义（participation - collectivism）。在这一章中，针对每一个观点，我都会作出充分的解释并且批判地指出其中的不足。讨论这些不同的集体主义路径，目的在于为此后要论证的观点奠定基础。通过这些讨论，我们可以看到，群体行为当中的集体性有程度之分，集体性的强弱取决于群体成员之间整合和互动的程度。而这些不同的关于集体行动的理论可以被看作针对的是不同群体中的不同发展阶段的集体性。通过这些讨论，我们可以看到集体性具有可以发展、塑造和增强的特质。集体责任概念需要的是一个入门阶段的标准，能够帮助我们在群体行动建构集体性。后面的几点延展在后一章中会有详细讨论。

第四节　行动者集体主义（agent – collectivism）

　　哲学家们有多种方式来回应还原个人主义以及它对于集体责任的挑战。集体行动的形成可以有很多不同的渠道和方式。我们要讨论的第一种观点认为集体行动的基础在于集体行动者的存在。为这种观点做系统性辩护的早期当代哲学家是彼得·法兰奇（Peter French）。法兰奇不认为一个人的本质存在是生物性的，或者说是物质性的。同时，他认为一个合作群体（corporations）可以是一个"在道德意义上全面生长的人（morally full – fledged person）"，是"权利主体（subject of right）"。玛格丽特·吉尔伯特（Margaret Gilbert）近些年也追随了这种主张，为以行动者为基础的集体主义做出了理论梳理。她的"多元主体论"把多个个人视为同一个"集体行动者"。诸如此类的说法，都可以被看作行动者集体主义的一种。

　　以行动者为基础的集体主义的群体或者集体就像个人行动者一样能够形成意向，做出行动，因为集体行动者和个人行动者有很大程度的相似。以行动者为基础的集体甚至可能认为这些相似使得集体可以像个人一样承担责任。这些特质包括形成意志，拥有思考能力，对理由和原因作出反应，能够执行计划。当然，不是所有的群体或者集体都可以被看成这样的行动者。我们需要仔细地用哲学分析去分辨哪些集体符合了基本条件，可以算得上一个相当的行动者，还需要去找出这些条件到底是什么，以及为什么是这些条件而不是另外一些。

一　彼得·法兰奇论集体行动

　　在彼得·法兰奇看来，在社会公共生活中存在两种集体：累

积型集体（aggregate collectives）和累计型集体（conglomerate col-
lectives）。累积型集体仅仅意味着"一群人，或者一堆人"。这种
集体指的仅仅是一群人共同拥有的特性。这种特性可以是非常随
机和偶然的，比如"哲学系里所有的长发学生"。同时，出于这
种特性而被归属到一个群体的人也有可能会非常随机和偶然地失
去这样的特性。譬如，哲学系当中原来是长发的小明同学剪了短
发，那么新的"哲学系里所有的长头发学生"群体就和原来的那
个群体不一样了。一般说来，一个累积型集体的特征一般集体成
员也都具有，比如说"哲学系里所有的长发学生"这个群体的成
员也都具有"哲学系的"和"长发的"这些界定了这个群体的特
征。更为重要的是，在累积型的群体当中，"并没有建立起一个
决策的过程来决定群体的行动，而且往往没有非常有力的团结纽
带"，而且这些群体"本身并不是有意识的行动者"。根据法兰奇
的说法，这些群体没有做出决策的机制和有效的组织结构，因而
也就没能在群体的成员之外生长出独立的行动能力。这样的群体
完全算不上一个整合完好的有机整体，它更像是一群松散联系着
的个人集合。因此，就这样的集体而言，集体所要承担的责任，
等同于每一个个体所要承担责任的总和。和累积型集体相对应
的，是累计型集体，累计型集体的集体身份并不等同于集体当中
每个个人的身份的总和。在累计型集体当中往往有一个特殊的组
织结构，法兰奇把这种结构叫作"内在决策结构（Internal Deci-
sion Structure）"。一个群体当中如果建立起这种内在决策结构，
群体的成员就会按照一系列的规范和原则来参与到集体决策当
中。这些规范和原则引导着个体成员的决定和行为，有时甚至直
接定义了个体成员的决定和行为。这种内在决策结构的存在有可
能让个体成员的意志和追求服从于集体的需要和使命。个体成员
在互动和合作中产生了不可还原的集体行动，而这种不可还原的
集体行动也让超越于个体成员之上的集体责任合法化了。法兰奇

理论中所提到的集体主体主要指的是现代的各类公司和团体，这些群体在一个交互的网络中行使自己的权利，在行使权利的同时遵循着一定的结构性规则。如果他们仅仅是一群生物意义上的个体人类总和，他们完全无须遵循这些额外的规则。

二 吉尔伯特论集体行动

玛格丽特·吉尔伯特为近年来的行动者集体主义理论作出了很大的贡献，最主要的是她的"多元主体"论。早年吉尔伯特在对集体行动的讨论中就曾经反对过还原主义。在她看来，集体行动的能力是个体成员间的交互义务构成的，这种义务无法完整还原到个体的行动和意志上。在每一个或大或小，时长或长或短的集体行动背后都有一个集体行动者。她常常在著作中用举例的方式来说明理论，其中最常提到的是詹姆斯和宝拉一起在纽约街头散步的事例：詹姆士和宝拉一起在纽约街头走路，我们拿这个事情来作为一个典型的集体行动进行讨论。在这个集体行动进行当中可能发生很多事情，出各种状况。比如，詹姆斯可能天生就比宝拉走得要快，因而走到了宝拉的前头。吉尔伯特认为，在这种情况下宝拉有权利作出以下的回应：她可以叫住詹姆斯，也可以要求他走慢一点，或者是抱怨他走得太快，因为宝拉本身是这个共同行动的一分子，她就获得了一个特殊的立场，可以对于詹姆斯做出行为上的某种要求，而这个立场任何不在这个集体行动中的其他人都不具有。换句话说，宝拉在这个时候拥有一个特殊的身份立场，凭借着这一个身份立场，她可以要求詹姆斯用和他们的共同行为相吻合的方式去行动，如果詹姆斯的行动方式并不恰当的话，宝拉的身份和立场也使得她有权利去斥责詹姆斯。同样，詹姆斯也因为和宝拉之间的共同行动有了同样的身份和立场。这里的立场和身份是他们的共同行为的一个结果。对于一个共同行为的参与者让参与的各方都获得了针对其他参与者的特有权利，同时也担负起相应的特有责任。

正如詹姆斯和宝拉散步例子中体现的，吉尔伯特的共同行动理论有着十分重大的道德意涵。这里的集体性超过了"这个群体恰好共同拥有的意向"，也超过了这个群体一致同意的决策机制。这个群体中的集体性构成了一个"多元主体"，而不仅仅是个体行为的总和。这个多元主体的能动性与其个体成员的能动性存在着根本的、种类上的不同，因为这里的主体性来自于成员的多元性，以及在这种多元性基础上形成的"单一体"。把一群个体参与者认定为一个"多元主体"的最重要标准是他们对于这个集体的投入和承诺（commitment）。根据吉尔伯特的看法，一个共同行为中的参与者必须明确地向对方表示自己愿意参与其中的意愿，同时致力于达成这个共同行动所必需的一些目标、决定和计划。因此，这个共同行动也就为它的参与成员带来了一些道德约束。在考虑到自己未来的决定和行为的时候，这个共同行动当中的每一个成员都有义务把对共同行动的承诺考虑在内。达成一个共享的承诺，也意味着每一个单独的参与者有义务让这样的承诺来约束他们自己的意愿，同时把这样的承诺看作做出相应行为的充分理由。吉尔伯特坚持认为，共同承诺参与各方"一定要感受到他们有必要服从这个共同承诺，这种服从是他们亏欠彼此的"。同时，参与的各方有特殊的身份和地位要求其他参与者做出某些行为。一个成员认识到，自己亏欠其他成员的共同行动，甚至有可能超越他对于自己的偏好和利益的考虑。

三 对于行动者集体主义的反思和批评

法兰奇和吉尔伯特的集体行动理论都把行动中的群体看作一种独立于它们构成成员的实在存在。我们可以根据这个理论特征，把这一类的理论称为"行动者集体主义（agent-collectiv-ism）"。行动者集体主义哲学家们认为，还原主义远不能提供一种真正令人满意的关于集体行动的解释。如果想要真正地理解集体行动，我们首先要把行为的执行者看成一个行动者本身。行动者集体主义指出，群体的个体成员之间产生互动和关联，在这个基础上突发（emergent）出了一个群体的某些特征。比如法兰奇所说的"内在决策结构"或者吉尔伯特所说的"共同承诺"。这些生发出来的特征形成了集体能动性，而这种能动性无法从最根本上还原到个人的层面上，这种新的能动性独立于构成它的组织内容，成为群体层面的道德规范的出发点。

然而，仔细追问和反思之后，我们会发现，当我们要求行动者集体主义就这种集体能动性提供更多的信息时，很多批评和问题就产生了。其中两个最基本的问题是：第一，如何形成一个群体行动者？第二，一个这种群体中的个体成员如何退出这个集体？这两个问题必须得到有效的回答，因为第一个问题澄清了集体行动觉得开始解释了个人是在什么时候成为一个集体成员的，而第二个问题，解释了集体行动者的终结，也就是成员在什么时候又变成了单纯的个人。

在解释集体行动者的开端时，我们往往会谈及个人之间的契约关系。一般说来，在人们展开共同行动之前，总是会在彼此之间形成这样或那样的契约。这样的想法有一个好处：如果我们认为集体行动者的基础是契约，那么我们对于集体行动者的一些核心特征就有了坚实的理解，包括这个集体的成员、它的目标、计划、行动以及相关的义务和责任。这样的想法也有它不好的地方，也就是它的排他性过强，它会在集体行动的范畴之中把很多本来应该被算作集体行动的事例排除出去，因为很多集体行动发生的时候，参与者之间并不存在一个清楚的契约合同。很多集体行动，比如一支探戈舞、一次家庭聚餐甚至是一场战争，在它们发生的时候，在参与的各方之间并不存在一个明显的协议或者契约。我们需要一个不怎么严苛的标准，来把这些自生自发，不依赖先在契约而发生的行为纳入集体行动的范畴当中。吉尔伯特说，一个集体行动者，或者按照她的说法一个"多元主体"出现的前提条件是"每个人都知道共同的承诺是什么，同时也充分地表达了自己的意愿，让这个共同承诺产生效力"。对于共同承诺的行为上的表达也就成为共识的一个部分。这种前提条件不一定会在当时产生明显的或者形式完整的契约。契约会是这种条件的结果，不一定是前提要求。一般来说，一个集体行动者的形成是一个耗时持久的渐进过程，它的成员更愿意慢慢地、渐渐地去做出一个共同的承诺。想要在哪一个特殊的时刻做出集体行动可能是很难的，所以吉尔伯特还给出了其他一些表象和标准，来界定集体行动者形成的开端，比如在个人成员中形成的归属感；一个共享理念和价值体系；一种文化或者共同体传统的形成，等等。没有一个明显的、已知的契约，群体成员可能就不大知道共同承诺是什么，也不清楚这个集体的具体目标是什么。尽管如此，要看到集体行动的多样性和不同，我们就需要一个更宽泛和松散的标准来界定什么是集体行动。

吉尔伯特在共同体形成的开端条件上放宽了要求，降低了入门的门槛高度。相比之下，她对于一个共同体消失和解散的条件要求就分外严苛。吉尔伯特说，一旦一个人成为某个集体的成员，她就受到共同承诺的约束，同时也就必须偿付自己所应该为集体行动所做出的那部分个人行动。要从这种约束中挣脱出来，在吉尔伯特看来只有三种方式：通过共同承诺达成；默认允许相互认可的共同承诺消解；以及非单方的撤回。值得注意的是，这三种方式都必须通过集体的合作协同才能得到实现。就像吉尔伯特说的，"一个共同的承诺必须要共同解除"。这就意味着单个成员的反对行为或者是个人意志不能让他从集体中解放出来，因为单个个体不能单方面解除共同承诺。

现在我们再来重新考察一下像吉尔伯特这样的行动者集体主

义者所理解的集体行动，这次要把重点放在一个人进入集体的开端条件和他离开这个集体的消解条件。一个单个个人进入集体只需要默许的、行为上的某种意愿表达，说明他乐意接受共同承诺。他不需要对这个承诺具有完全的知识，也不需要知道这个集体的整体目标或者具体的计划。进入到一个共同承诺中不一定是"一个有意识的、有前瞻性的、经过反思注意到的事情"。尤其当一个"多元主体"成员数目庞大时，很多成员可能是匿名的，或者至少是不知道彼此身份的。但是一旦一个人成为集体的一员，他的行为就成了与他人有关的事情。他有立场有身份可以要求其他人做出某些行为，同时，他也必须承担相应的责任。在一个群体中，没有任何一方可以单方面决定共同行为。因此，当退出一个群体的时候，一个人自愿地撤回承诺，并不能够生效。他必须把这一份撤回提交给整个集体，同时集体的其他成员必须知晓、认识并接受这一份撤回。这种集体行动理论在人们进入集体，成为集体成员的一端设置了较低的门槛，而对于退出那个集体，却给出了极高的要求。这种集体形成开端和集体消解之间存在的不对称关系，可能为吉尔伯特的集体行动理论带来众多的问题。

行动者集体主义有很多理论上的优点。它能够解释为什么某一些群体的成员构成发生改变时，一个群体还能够继续存在；它也解释了集体行动的道德约束力，而这一点是其他的理论没有办法达成的；对于还原个人主义的批评和拒斥，行动者集体主义完成得最为彻底，因为它坚持一个牢固的群体行动者的概念，认为这个行动者是从个体行动组当中生发出来，同时又独立于后者。

在我看来行动集体主义理论存在着两大重要的缺陷：第一，一个合理的集体行动理论需要对一个集体行动的形成和消解作出更好的解释。具体一点说，成员的纳入和排除之间的标准需要一个对称性更强，构建得更为仔细的标准。如果没有一个合理的标准来帮助我们确认群体成立时构成群体的成员和群体如何最终消解，那么行动者集体主义就还没有为集体行动理论提供一个坚实的基础，因此也不能帮助我们去理解集体责任。第二个更为严重的缺陷，是成员纳入标准和排除标准之间存在的这种不对称关系在我看来并不是偶然的，同时行动者集体主义对于这个问题修复的可能性也比较低，其原因在于一个合理的集体行动理论需要有两个功能：它必须容纳集体行动现象的多元性和复杂性；与此同时，还需要体现出集体行动对于个体成员的某种约束。如果行动者集体主义把理论的解释范围和涵盖力视为更重要的理论诉求，因而扩大集体行动的类型和范围，最终能够把比如街头革命等群体行为纳入集体行动当中，那么它就必须降低对于集体内在结构一致的要求。比如，一个类似吉尔伯特这样的行动者集体主义者就必须重新考虑她对于共同承诺的要求。在这种情况下，一个集体行动的理论会很难解释集体对于其构成成员的道德约束力。在发生的集体行动中，我们很难解释参与成员之间有什么规范性的、道德性的相互关系。从另一方面来讲，如果行动者集体主义坚持认为集体成员在一个集体行动中对彼此负有道德义务类的责任，那么这种集体行动概念就不能代表很多群体的集体行动，因而在很大程度上对很多集体行动失去了解释力。

那么，我们如何解决这两个功能之间的冲突呢？一方面我们需要扩大放宽一个集体行动理论容纳和涵盖的集体行动类型和范围；另一个方面我们需要保持集体行动中，成员间最基本的相互纽带和约束。在下一节里，我们讨论意向集体主义，试图通过把集体性的载体从行动者转向到行动意向，调和这两者之间的冲突。

第五节　意向集体主义

理解集体行动的第二个路径，是以意向为基础的集体主义，这个路径对于集体行动的要求相比较行为者集体主义而言看似要松散一些。这一类的观点认为，集体行动是由个体的行动者出于共有的意向所做出的行动。迈克尔·布拉特曼（Micheal Bratman）是这一类理论的主要倡导者。他提出，集体行动的核心构成是共有意向（shared intentions），共有意向在个体参与者意向之间的交互结构中产生，同时还包括他们之间的博弈和计划。个人参与者意向之间相互关联产生了集体行动，而不需要一个完整成型的集体行动者。

一　布拉特曼论共有意向

在布拉特曼看来，集体性不一定依赖于某种生长出来的、独立于其参与者的集体行动力。而且，要寻找相互承诺中产生的道德约束力也是错误的。布拉特曼在他的文章《共有意向》的一个脚注中指出，要理解共有意向，我们既不需要强意义上的集体行动者，更不需要由此而来的群体道德义务之间的制约力量，共同承诺的约束力并不能保证个体成员产生按照承诺合作行事的意向。关于集体行动理论，在这一派系的哲学家看来，要做的是去理解群体成员之间的共有意向，而不是去理解所谓集体行动背后的集体行动者。

那么如何去研究共有意向呢？布拉特曼认为对于集体行动中的集体性研究开始于每个参与个体在最初开始时的集体参与意向。当一个人的意向开始涉及不是只涵盖他的行为时，这一刻发生了什么？换句话说，我们需要了解当一个人的个人意向以"我想我们做一件事"的形式出现时，这个时候的个人意向的本质是什么。

布拉特曼支持用"计划（planning）"这个概念来处理一般的"意向"问题。对于意向问题的处理，心灵哲学中有众多流派提供了很多路径。布拉特曼的计划理论是其中一种主流理论。这种理论把意向视为"引导有意行为，协调不同形式的计划，这些计划对于我们短时延伸的行动力甚是重要，同时也和我们在不同时间和不同个人之间达成复杂目标的相关能力有关"。在布拉特曼看来，意向是一种实践倾向（practical tendency），与指向未来的计划休戚相关。我们在这里暂且不去论述和比较布拉特曼的"计划意向理论"与其他对于"意向"的哲学理论之间孰优孰劣，而是把关注点放在这样一个理解意向的方式被放到集体层面时，怎么理解"集体行动"这个现象。布拉特曼认为共有意向需要在集体层面上实现跟意向在个体层面一样，或者至少有类似的功能。也就是说，共有意向要构架出一个集体行动，以便实现未来的集体目标。在他颇有影响的文章《共有的合作行为》中，布拉特曼为共有意向勾勒出了一个初步的草图。为了让一群人共享一些意向，每个人都需要把另外的人看作这个集体意向的构成性参与者。同时，每个人都认为其他人会按照自己相关的意向一起做出共同行为。更重要的是，每个人都想要执行属于自己的那部分计划，在与他人的计划相啮合（meshing）的情况下参与到共同行动中去。也就是说，每一个合作计划的个体都愿意对于他人的意向和行为做出反应，同时知道他人对于自己的反应也将会是一样的。比如，如果某些成员在履行自己在共同行为中的责任遇到了困难，需要帮助和支持，那么其他成员也会乐于提供帮助。

二　布拉特曼与吉尔伯特集体行动理论的比较

为了更清楚地理解布拉特曼的以共有意向为基础的集体行动理论，我们有必要把它和吉尔伯特的以共同承诺为基础的集体行动理论进行比较。在布拉特曼看来，詹姆斯和宝拉一起散步，的确是一个共同行动，但是这样的行为成为共同行动的原因，却与吉尔伯特分析的不同。宝拉和詹姆斯都知道彼此是共同散步，是这个行动的共同参与者，二人都知道他们在这一个共同行动中的角色，二人都为此做出了个人层面上的计划，同时有决心执行自己这个部分的计划。当其中的一方遭遇到某种困难，比如说宝拉不能跟上詹姆斯的节奏，那么另外一方就愿意提供帮助和支持，比如詹姆斯愿意为了完成共同行动，为宝拉放慢脚步。

布拉特曼的集体行动理论与吉尔伯特的行动的集体主义相比，其中有一个最大的区别：布拉特曼不同意对于参与的各方施加任何强硬的道德约束规则。各集体行动的参与者并不被认为已经形成了任何的集体行动者。参与的各方并不在什么意义上亏欠彼此，必须要其实现共同行动当中他们的个人份额。换句话说，"每一个个体共同拥有一个意向"这样一个事实并不产生任何的义务或者权利。正是因为参与者之间这种道德约束的缺席，通过共有意向形成的集体行动当中的参与个人并不一定行动一致或者形成一个主体。就像布拉特曼所说的那样，集体行动并不一定需要一个集体行动者作为主体。集体行动完全可以由个体行动者，出于共有意志达成的群体的内部协调合作来完成。

布拉特曼提出共有意向的形成当中有一个核心条件，这个核心条件叫作"次生计划之间的啮合关系"。在布拉特曼看来，两个人共同参与到一个活动当中，他们不一定需要拥有同样的目标，也不一定要一致同意去执行一个有具体步骤的共同计划。通过同一个共同行为参与的各方完全有可能达成自己各自的相互不同的目的。比如在一起散步的那个例子当中，詹姆斯的目标可能是透透气散散心，而宝拉的目标是出去买一杯咖啡。这一次一起散步，也可以算是一次共同行动，詹姆斯不需要对咖啡产生兴趣，宝拉同样也不需要。他们之间所需要的，是确保各自的次生计划之间的兼容性。比如为了让这一次共同行动顺利完成，詹姆斯应该愿意在散步的路上，路过一家咖啡馆，而宝拉也不是要走到楼下买杯咖啡就立刻上楼。他们之间的共同行为更算是一次协作，而不是一次合作。这次共同行动完全可以由个体参与构成，而且这种参与可以是因为不同的原因或不同的目的。吉尔伯特的理论强调，成员之间的相互承诺会产生成员之间的道德约束。布拉特曼的观点却不同，他认为每个成员的意向和行动有所不同，但是这些意向和行动在结构上存在兼容性，也就是这些成员的次级计划的啮合关系才是一个集体行动的标志性特征。

为了保障次生计划的啮合关系，每一个参与个体的参与意向必须要以一种特殊方式啮合起来。如果这种次生计划之间的啮合关系仅仅是出于偶然形成的，那么这里集体行动和偶然发生恰好吻合的个人行动之间就不存在多大差别了，而这种偶然的啮合关系也就不足以作为共同行动的真正基础。所以，这里次生计划的啮合关系必须要是每个参与者出于个人参与意向之间的契合，或者说这种啮合关系必须要有个体参与意向之间的相互关联引起。前者来自于后者。这样一来一旦次生计划不再彼此啮合，个人参与者就会做出调整，使得它们再次变得兼容啮合。因此在个体参与意向之间必须存在着一种交互回应的关系，这种关系在布莱特曼看来是集体意向的一个重要特征。当一方有困难，没有办法完成自己的部分行动，这样一来次生计划不再彼此啮合，其中个人参与者就会做出调整，使得它变得兼容契合。因此，在个体参与意向之间必须存在着一种交互回应的关系，这种关系在布莱克曼看来是共同意向的一个重要特征。当一方有困难，没有办法达成他在共同合作当中的作用，使得另一方必须去帮助妥协和调整他们的自身计划，以便保证整个共同行动的完成。

虽然布拉特曼的集体意向理论不像吉尔伯特那样，强调共有意向会带来很强的道德规范和约束，但是他也认为共有的意向的确在个人的参与的意向基础上，添加了某些最小化的规范性束缚。这些规范性束缚，来自于实践理性的理性要求，比如行为计划和工具目的之间的一致标准。共有意向对于参与个体所提出的要求，不是像吉尔伯特所说的，是那种出于道德义务的要求。就像我们在先前提到的，布拉特曼认为意向的主要功能角色是做出关于未来的计划决定。能够对意向做出约束的往往是一个人的计划是否在手段和目的之间达成了一致，一个人想要做的事情是不是他所要解决的问题的最佳方法，以及不同的计划之间的一致和兼容。比如我们很难想象，宝拉可以理性地一边不打算去咖啡屋，一边想买咖啡。同样，在共同行为的共有意向当中，詹姆斯可以一边想跟宝拉一起散步，同时一边不打算往咖啡屋的方向走。为了能够成功地展开集体行动，参与者应该让他们的次生计划保持啮合，因为这些计划必须服从个人主体间的实践理性要求。当每一个参与者的次生计划不妨碍彼此，而能够被成功地同时执行，这些参与者才能参与到真正的集体行动中。

就像布拉特曼本人指出的那样，他的集体行动理论在本质上是一种个人主义，因为他认为共同行动的本质只能用相关个体的态度和行为表述出来。布拉特曼对于集体行动的理解开始于单个参与者的内在意向。共有意向的根源在于每一个个人用一种很特殊的方式，形成他的个体意向，这种意向是有关于一个集体行动的。参与者必须愿意在形成意向的过程当中，在自己的实践推理里，把其他成员的意愿当作一个必需的前提考虑，因此在某种意义上也受制于此。集体行动背后的动机必须是共有的意向，而共有意向必须由单个参与者的意向之间的相互作用引发。

三 对于布拉特曼集体行动理论的批评

在我看来，布拉特曼的集体行动理论被应用到解释集体责任问题上的时候会出现一个巨大的问题：这种对于集体行动的理解没有办法纳入行动中有关于责任的那部分内容。换句话说，强调参与者意向之间的兼容和一致不能帮助我们理解集体行动的道德性。我们可以很容易想象，在一些情况下，一群人在一起行动，但是其中很多个人参与者对于其他人的意图和行为毫无兴趣，同时所知甚少。特别是当一个人与其他人一起行动时，在因果引起的链条上，他可能与很多甚至是无数的事件和结果发生了关系。在很多情况下，一个人的行为与其他的行为协同发生，产生了某些结果，但是这个人却从没有想要这种协同发生，也根本不希望那些结果出现。

我们接着沿用詹姆斯和宝拉的例子来讨论，但是需要对这个例子略作改写，以便突出这个问题。假设，在詹姆斯和宝拉之间形成了某种默契，或者说约定俗成的习惯，也就是每天下午他们都要一起散个步，詹姆斯通过散步透透气放放松，而宝拉在散步的路上去咖啡屋购买一杯咖啡。在某一个下午，其中的一个条件发生了变化，詹姆斯打算和宝拉一起出去，但是这一次詹姆斯不是单纯地想要去散散步，而是打算去伤害咖啡馆的一个工作人员。如果詹姆斯不告诉宝拉这个计划，那么他的目的就更有可能达成，因为那个工作人员看见他们像往常一样一起出现，就不会认为情况有什么不妥。宝拉得知詹姆斯的计划，但是对于詹姆斯的意图却无动于衷，不做评判，决定自己还是像往常一样，跟詹姆斯散步去咖啡屋，仅仅只是因为她想要买一杯咖啡。用布拉特曼的"次生计划啮合"理论来理解集体行动，此时的宝拉在这个集体行动中扮演的角色就变得很难界定。一方面，宝拉去咖啡屋买咖啡的次生计划和詹姆斯去伤害咖啡屋店员的次生计划之间有啮合关系。他们都想要一起散步去咖啡屋，但是参与这个共同行动的理由却颇为不同。如果我们从较弱的意义上使用布拉特曼的理论来理解集体行动，宝拉的确参与到了伤害咖啡店店员的集体活动当中。但是同时，詹姆斯想要伤害咖啡店店员的意图并没有引起（cause）宝拉去购买咖啡的意图，所以如果按照布拉特曼集体行动的较强解释，这二者的意图之间的相互关联并没有强到足以构成集体行动。所以，宝拉并不能算是这个集体行动的一个参与者。

布拉特曼的集体行动理论没有告诉我们怎么处理这样的事

例，在这样的情况下，参与到共同行为中的各方有不同的参与理由，同时这个共同行为造成了一些结果或者事件，最后这个事件和结果却不是参与各方当中某些成员的计划或者打算，甚至有可能不是任何参与一方的计划或打算。在这样的事件里，某一些个体成员参与到了这个共同行动中，造成了共同行动的结果。然而，这种参与和引起并不是他们意图或者想法的一部分。这就为如何界定具体的集体行动的性质，以及划分其中参与者的角色带来了许多困难。

第六节　参与集体主义

上一章结尾提到的克利斯朵夫·库茨在综合考察各种集体行动理论之后，试图用它们来理解和判断现实的法律事例，并在这些做法的基础上提出了"牵连理论"（theory of complicity）。这一个理论的提出目的在于处理之前的那几种理论路径没有办法处理的一些情况。譬如，在某些情况下，参与者在知情的情况下帮助了某一些集体或者团体，完成一些集体行动，但是即便按照最基础、最小化的标准，他们也算不上有意参与了任何集体行动。在这些例子当中，参与者之间的意向结构没有什么核心的特质，没有共同承诺，没有交互反应。在库茨看来，要界定这些个体其实是在一起做了一个行动，我们需要考察"这些可以被视为因为一个集体目的累计起来的个体是否有意为之作出贡献"。

一　库茨论群体参与

为了更为清晰地理解库茨的理论想要讨论的那些集体行动，我们再次来仔细看一下库茨自己曾经用过的一个例子。设想一个帮派的成员被关押在监狱里。有一天其中一个人向狱警扔了一块石头。很快，其他的成员也开始仿效他。最后整个帮派的成员一起破坏了监狱，集体越狱了。在这个案例当中，帮派成员们自发自觉地共同行动，但是在行动之前却没有任何共享的承诺或者计划。然而他们的确都有一个目标，那就是去破坏监狱，而我们也只能通过这个共同的目标来理解他们每个人的单独行为。但他们却真真切切地没有在此之前共同商讨过这个共同行为。非常有可能，其中任何一个帮派的成员都没能预想或者知晓其他个体的行为，但是这些每一个没有经过计划、没有经过商讨、不为彼此所知晓的个体行为，却构成了一整个集体的行动。在库茨看来，帮派的成员们有意识地加入了一个共同行动中，而且他们每一个个体的行为都对一个集体目标作出了贡献，凭着这两个简单的事实，我们就可以说每一个帮派的个体成员都以一种牵连参与的方式，加入到了越狱这个集体行动当中。

在库茨看来，每一个参与者就是在最普遍的意义上与他人以"同在共向"的方式一起行动的人。集体行动最核心，也是最小化的标准要是每一个个体都要出于一种重叠的参与意向而有所行动。有一些参与者可能并不想要行动的结果，有一些参与者对于他人的任务和身份可能只有非常片面的认识，而且每一个人都可能对于他们正在一起做点什么，有非常不同的理解。库茨理论的最大重点在于他所提出的参与性意图之间的充分重叠。就像他自己说的这种充分的重合在根本上是一个实用主义的概念，而且往往分为不同的程度，因为每一个个体对于这个群体的行动往往有着理解和预期上的巨大不同。

在我看来，这种意味着一个群体的行动存在着很大的语境敏感度。在一种描述之下，我们可以说一个群体共同参与了一个有意义的活动，而在另外一种描述下，却不能够这么算。我们拿之前用过的詹姆斯和宝拉的事例来说明。"一起散步去咖啡屋"，对于他们的共同行为而言，应该是一个不可争议的表述。"用咖啡杯去击打咖啡屋中的店员"可能不是描述他们共同行为的一个有效方法，但是"为咖啡屋的店员带来伤害"，却是一个可以进一步商榷的有关于二者共同行为的描述。因为詹姆斯有伤害店员的意图，而宝拉明明知道詹姆斯的意图却不加以揭露或者阻止，甚至在某种意义上协助了事情的完成。库茨认为，这种最低限度的参与或者说牵连是共同行动的关键标准。

"只要共同体的成员通过有意识的共同目的作出了贡献，那么他们就有了有意的集体行动或者共同行动。我把这叫作共同行动的最小化标准。"

换句话来说，一个行动者可以负有牵连意义上的责任，他不一定非是一个集体行动者的一个部分，或者有意、有计划地造成集体伤害，或者知道集体行动带来的结果，甚至不需要能够单方面为这个集体行动造成不同。我们每一个个体往往只是一个集体行动的共同写作者，而不是单独写作者。往往有时我们没有团结一致，也会带来伤害。因为我们每一个人的行动都远远地超出了我们的意图，这些行动的结果与其他人造成的行动重叠在一起，影响深远，而我们甚至并不认识或者关心这些其他人的身份和行为。我们几乎总是和他人处在一种牵连的关系当中，总是参与到我们并没有预想到的集体行动当中。

二 对于参与型集体行动的反思和批评

库茨的以"牵连参与"为基础的集体行动理论，有效地处理了前两种理论当中看起来较为棘手的集体行动实例。这种从集体行动最小化标准出发的研究方法有一个最大的长处，就是在描述涵盖性上有着极大的优越性。在库茨看来，这也是一个有效的集体责任理论非常重要的特征之一。集体行动的最小化标准要使我们能够依此处理集体行动及其相关的集体责任所包含的多样化和多元性。但是在这样的理论中也不是没有令人担忧的成分。在我看来，虽然库茨认为最小化的标准已经极大地扩展了集体行动的包容性。然而这样的理论依然没有办法处理我们在研究具体责任时经常会遭遇到的一种特殊情况，即集体不作为。库茨的理论过于强调有意的参与，而忽略了从集体不作为现象当中所生发出来的集体责任。要包含集体不作为现象，同时说明不作为的集体需要合理地担负起集体责任，库茨的牵连参与原则必须要有所修正。

在提出我的批评之前，我想先要讨论一个在集体责任学者当中广受关注的例子即"凯蒂·基妮维丝的谋杀"。在 1964 年 3 月 13 日，在纽约市皇后区，28 岁的基妮维丝被一位暴徒骚扰、追踪并且刺杀。在这次谋杀案件发生两个星期后，《纽约时报》发表了一篇长篇报道，报道指出，在整个事件发生过程当中，大约前前后后 38 位纽约的普通市民见证了这一起暴力事件的发生，但是当中没有任何一个人站出来帮助受害者甚至是报警。这样一个耸人听闻的案件在当时美国上下引起了极强的反应，在社会心理学家和伦理学家之间展开了无数的讨论，他们要研究这种现象出现背后的原因是什么，我们是否有杜绝同一类现象再次发生的方法或者能力。在这样一个情景中，一个人插手干预或是报警，都可能面临一定的个人层面上的代价。这一点是无可厚非的。如果一个人干预或者是报警，那他有可能面临一系列的麻烦和骚扰。每一个旁观者可能都在当时感受到了一定的社会正义感，但是，每一个目击者可能也都在等着其他人能够插手干预或者拨通报警电话。虽然 50 年以后，《纽约时报》对于关于案件和旁观证人的某些细节内容做了纠正。但是，"凯蒂·基妮维丝的谋杀"依然被当代的社会心理学家和道德学家看作旁观者效应，或者说集体不作为的一个典型案例。

从直觉上来看，在这样的案件当中，出现了一种集体的道德失效，但是这个结果却不是来自于任何一个单独个体的错误行为。旁观目击者的错误并不在于他们有意地参与了这次暴力事件，而且他们的错误也不在于每一个人的无所作为，如果其中有一个人已经拨打报警电话的话，最后的灾难也有可能被避免。这里的道德失败，恰恰在于一个集体的不作为。

在这里我们需要再次强调一下这一种特殊的集体不作为的一个重要特征，即在这个案子中旁观者之间具有高度的相互关联，彼此产生了巨大的依赖性。这里的相互依赖有很多的表现方式：其中一个人可能决定他不需要做任何的事情，因为她相信其他人已经做了，而这里只要有一个人做出了某个行为，也就使得其他人没有必要再去做这个行为。在这样一个高度关联、相互依赖的意图和信仰网络里面所缺席的恰恰是集体行动，也就是之前被讨论集体行动的哲学家们不断强调的共同承诺、计划或者牵连参与。个体意图和信念所产生的集体无作为是在一种互动的情况下共同引发的。集体无作为，也就是一群个体在有必要或需要的时候没有能够共同执行一个行动，在我看来也可以是一种集体责任的基础。因此，要提供一个关于集体行动的有效理解，能够帮助我们处理集体行动的责任问题，我们需要一个比库茨的牵连参与理论还要宽泛的集体行动概念，把集体行动划分的最低标准进一步降低，以便能够涵盖更多应该被集体责任讨论涵盖进来的集体行动的例子。

第七节　集体行动中的集体性

之前的讨论已经表明，集体行动的例子和类型多元多变，这些取决于个体成员如何参与到行动当中，以及他们参与的程度。我们可以设想一个理想型的集体行动：每一个个体参与成员都把自己认定为这个集体的一员，共同分享一个目标，决定要一起合作，根据这些集体计划形成自己的个人层面的意向，沟通合作计划，执行合作计划，同时一起达成共同目标。这个集体中的每一个参与个人都相互知晓彼此的意图和行为，并能够根据这种知识调整自己的意图和行为。这些条件只是一个集体行动的大致样貌，还可以补充很多其他条件。

在结束这一章之前，在以上对于各种集体行动观点的讨论的基础上，我想要针对集体行动的两个重要方面提出自己的看法，这两方面的看法有助于我们在下一章讨论责任时，进一步理解集体行动是如何与责任关联起来的。在我看来，需要澄清两个关于集体行动的问题才能讨论集体责任：要一个集体为它的行为负责，这个集体所需要符合的最低标准是什么？是什么让一个集体能够更好地采取负责任的行动？为了回答这两个问题，我想要提出两个看法：第一，为了给集体责任奠定坚实的基础——一个集体行动的理论，这个集体行动的理论需要给出集体行动所需要满足的最低标准；第二，集体行动中的集体性可以通过不同的程度和方式展现出来。与研究界定集体行动的明确标准不同，更为有趣的研究内容是一个群体当中的集体性和责任如何生发出来、成长并且进一步加强的。

一　集体行动的最低标准

在库茨的集体行动理论中，他提到参与意向彼此的充分重叠足以构成集体行动。在反思和批评中我提出，对于个人参与意向的强调没有办法帮助我们处理集体不作为的情况。然而，在很多集体不作为的情况下，责任归咎依然是恰当的。库茨自己也在理论中一直强调一个关于集体行动最低标准的重要性，虽然我认为他的理论中所设置的标准容纳度依然不够高。但是我同意库茨的说法，也就是无论是出于描述性的原因，还是出于规范性的理由，我们都应该选择标准较低、涵盖度较高的关于集体行动的理解。

关于集体行动的最小化概念，从描述的层面上说具有的优点是显而易见的：它能够在最大限度上涵盖多元化、多样性的集体行动，只有当我们能够准确地容纳并描述各种集体行动的现象时，我们才能在更广泛的意义上考虑集体责任的归属问题。另一个坚持集体行动最小化概念的理由是，规范性的集体承诺也好，共享计划也好，牵连参与也好，无论哪一种标准都还不能很好地把一起做事界定为共同行动。就像我们之前讨论过的詹姆斯与宝拉的例子。虽然詹姆斯和宝拉谈不上一起殴打了咖啡店的店员，但是他们一起造成了对店员的伤害却是有迹可循的。一些共同行为在什么程度上是集体行动说到底是一个需要实践解决的问题，总是有程度上的区分，因为每个人对于群体行为的个别认同不一样。在某些描述下，一些共同行为就可以算作偶然行动，因此我们没有必要去谈论责任归咎，但在另一些情况下就不是这样。在需要解决集体责任问题的语境下，我们有一个具体的规范性问题，因此，我们有理由去接纳集体行动的最小化标准，在这种最小化观念的帮助下，去检查所有可能的集体行动的责任归属问题。

基于以上原因，我认为有必要进一步修改库茨的牵连参与理论。我们需要强调的是，每一个实际受到影响的集体成员的牵连，不仅仅是那些明显的、有意义、有意图的参与。这样一个改动可能有助于我们进一步扩大库茨的牵连理论所需要涵盖的范围。即便在集体无作为的情况下，我们依然可以讨论责任归属，即便这个时候，成员的参与和介入都不是有意的，或者是有计划的。

二 集体行动的有效性

当然，这并不是说如果一个行动哲学理论能够让我们解决责任的归属问题，这样一个理论就是需要被肯定的。那些牵涉到集体行动当中的人以及他们牵涉的方式和程度都是需要进一步讨论和解读的。这就引发了关于集体行动概念需要讨论的第二个问题：一群牵涉在一个集体行动中的人，如何在他们的具体行动中更好地实践自己的行动力？我们有理由认为牵涉进来的个体和集体之间的组合关系越紧密，那么他们能够在集体层面所举行的行动力也就越强，因此他们也就能更好地展开积极行动。

　　我们来回想一下在本章当中曾经讨论过的各类关于集体行动的理论。虽然其中的每一种观点都有值得进一步商榷的内容，但我们不需要把他们看作解释集体行动的各种失败的尝试。我们可以用一种更积极的眼光去看待这些理论，看到它们以不同的方式展示了集体行动能够发生的条件，以及不同的集体行动中集体性的程度和类型的不同。比如，我们可以认为集体行动较强的范式是由一群组织良好的个人形成的集体行动者，其中各个成员都对彼此做出了道德和规范性的承诺，一起展开行动。而较弱意义的集体行动，可以被认为是集体参与者之间形成了足够的目的终点，他们之间不一定存在彼此的道德义务和共用意向。在一个集体行动当中，每一个成员的涉入在程度上和结构上都有所变化。在集体行动当中组织良好个人成员参与度极高的行动，往往会形成前群体整合度的提高，促成集体行动者或者说行动力极强的集体以及集体目标的完整达成。那些组织较差或者没有组织的群体，成员之间的涉入程度较低，往往会带来不一样的行动集体。从组织良好的集体行动到集体行动的最小化形式，每一个群体都可能拥有不同程度地采取集体行动的能力。我们所要看到的是集体行动的有效性有程度之分，而且集体行动可以通过进一步改良集体的组织结构，改善个人的参与而得到进一步的加强。

第四章　集体责任的个人主义理解以及缺陷

在上一章中，我主要回应了比较顽固坚定的还原个人主义对于集体行动的怀疑态度，在还原主义者看来，集体责任之所以是一个没有意义的哲学概念，其根本原因在于集体行动是不存在的。在这一章中，我们主要处理的是温和个人主义。结合我们在第二章中讨论的各种关于道德责任的兼容主义路径，温和个人主义对集体责任的挑战不在于他们坚持集体行动的不存在，而在于他们坚持对道德责任的个人主义理解。这一类观点认为，规范意义上的或者说道德层面的责任不能够归属到集体，即便集体行动，在根本意义上其背后的道德主体必须是个人，不可能是一个集体。在这一章中，我将首先介绍这种分类如何根据个人主义理解途径把关于责任的道德理论中的个人主义成分列举出来；接下来我将讨论两种形式的责任类型，一种被我称作完美转换性，而另一种称为不完美的转换性。在第二部分中，希望读者能够看到温和个人主义理论在处理不完美转换性的集体责任时存在着的各种缺陷。我也会在第三部分中更多地讨论和分析不完美转换性责任的案例，并进一步加强对于温和个人主义的批评。最后，我会给出一些不同的理解责任概念的办法。这些办法能够帮助我们有效地处理个人主义路径无法处理的集体责任问题当中的悖论和冲突。

根据已经讨论过的还原个人主义这种观点，集体不能够被算作是可以执行行动的主体，因为它缺乏必要的物理和生物基础，比如像大脑这样的机体。就像前一章中所讨论的那样，很多哲学家们纷纷指出集体或者说群体完全可以算得上是，可以在一定程度上具有并且可以实践一定的行动力，因而也就可以共同地产生集体行为，同时担负其连带的集体责任。这些对于极端个人主义的反驳取得了或多或少的成功，但尽管如此，关于集体责任的怀疑论还是可以在不同的层面上以一种不同的方式出现。这种怀疑论认为虽然各种关于集体行动的理论向我们展示了集体的能动性，但是这些能动性不能作为责任判定的基础，因为它们不适用于任何规范结果。换句话说，在集体行动当中可以观测到的集体能动性不足以强到可以支撑起集体责任所需要的那种道德内容。这类的论证被我称为温和个人主义。温和个人主义，对于集体责任的挑战来自于一个道德规范的视角，也就是说，虽然在以上描述的集体的某种行为，而且这些集体行为也与他们的个人成员行为区分开来，但是这个意义上的集体行为却远远不足以承担起相关的责任。正如 H. D. 路易斯曾经说过的"价值永远属于个人，而只有个人才能够是责任的主要承担者，除非一个人在做了一件他自己做错的事的时候，否则这个人在道德上就是无辜的。"他甚至进一步地说，"谈论集体责任是一种野蛮行为"①。

　　在这一章中，我将分步骤详细地列举并分析温和个人主义是如何推论出观点，讨论他们是如何论证的。虽然集体可以算得上是能够产生行为的主体，甚至这些集体主体可以产生意图，但它们无法被恰当地认为是自己行为和意图的责任承担者。这其中的推理在我看来，有两个主要的部分：第一部分是责任的个人主义原则和第二部分是集体行为转换成个体参与者行为的完美可能性。在本章的结尾，我希望成功地向读者表明，这两个推理的前

————————

　　① David Lewis, Collective Responsibility. *Philosophy*, 23 (84), 194.

提无一成立，我们急需一个对于集体责任，甚至是道德责任概念本身的替代性理解。

第一节　责任概念的个人主义准则

无论是在道德哲学的理论层面还是在大众心理学当中，我们都隐隐约约地接受一些有关于责任的基本理论准则前提，有一些准则通过自由主义传统的哲学理论得到了进一步的阐述和发展，其中很大一部分落在了哲学上对于自由意志和决定论关系的讨论，以及由这讨论当中衍生出来的关于责任的理解。虽然我们在第二章中讨论的兼容主义似乎多少有令人满意的方法来解释作为道德行动者的群体的个人责任和集体责任。然而，由于评价个人主义的倾向，相容论的责任可能会导致一种困境，即我们发现群体作为道德行动者对其行为负责，而不要求群体中任何特定的个人成员承担任何责任。集体行动及其后果往往与个别成员的意图脱节。在某些情况下，参与者不打算集体行动的结果；在某些情况下，他们不知道他们参与的具体集体行动；在某些情况下，个体参与者的行为不会对最终的有害结果产生任何可察觉的差异。换句话说，集体行动的发生可能无法被任何个体参与者预见、预期或控制。因此，根据评价性个人主义，让个体参与者对集体伤害负责似乎是不合理的。虽然集体本身根据各种兼容原则承担责任，但没有让任何个人成员承担责任的基础。我将追随库茨的说法，把这种现象称为分担责任的消失（the disappearance of shared responsibility）。

库茨在他的书中用一个历史案例来说明这一现象，他举的例子是1945年德累斯顿轰炸案。德累斯顿轰炸（1945年2月13日至2月15日）是二战期间由英国皇家空军和美国陆军航空军对德国东部城市德累斯顿联合发动的大规模空袭行动。由于盟军的轰炸造成了两万人以上的平民死亡，直到今天，它依然被看成二战历史上最受争议的事件之一。1945 年初，西方盟军统帅部开始考虑如何采用战略轰炸机武力援助苏联。他们计划轰炸柏林和其他几个德国东部城市，协助苏军前进，而德累斯顿是最终被选中的一个城市。轰炸司令部是一个庞大的组织，它的组织目的就是致力于燃烧城市和杀人。大规模的不当轰炸行为是由每个人的贡献所产生的难以察觉的边际差异，以及轰炸机相互作用的合作造成的。现在让我们从一个个体飞行员的角度来看一下这个结构化行动。假设这个飞行员知道，只有非常年少、非常年老和受伤的人留在这座城市，他们将成为这次轰炸的受害者。这位飞行员痛恨纳粹德国带给他的暴力，尽管他不愿意对平民造成恐怖。此外，他的飞机只是参与这次行动的一千架飞机中的一架。不管他是否参与，他的炸弹负荷对结果没有多大影响。这次大规模轰炸造成的伤害无论如何都会发生。飞行员通过参与这次集体轰炸行动，可能会合理地认为自己看作结构化组织轰炸司令部的一员，而自己"只是在尽自己的职责"。我们有理由认为参与德累斯顿轰炸案的飞行员可以利用个人道德责任的原则为自己开脱，并辩称他对集体造成的痛苦和死亡不承担个人道德责任，这不仅因为他本人从未认可这种伤害，而且他的个人行为对结果也没有什么影响。在这个例子里，就有可能出现集体责任消失的现象。

在这里需要稍作区分的是，集体责任其实由两部分组成：①作为道德行动者的集体责任，我将其称之为集体责任；②集体责任归于作为个人的团体成员，我们可以称之为共同责任。虽然各种相容论在证明群体责任的正当性方面可以说是成功的，但它们在处理集体责任和共同责任的互换问题上有一些困难。如同在上一章中提到的，克利斯朵夫·库茨在他的著作《共谋》中指出的，这一困难源于这些哲学家对评价个人主义的承诺，或者用库茨的说法，这种倾向也叫"评价唯我论（evaluative solipsism）"。接下来我将简要地介绍责任个人主义理论所秉持的一些准则，同时解释它们是如何支持了对于集体责任的怀疑论的。

首先，关于责任的个人主义准则当中包含个体差异原则（principle of individual difference），这一项原则认为，只有当一个人能够对一个事件出现与否的结果造成差异，他才能算得上是对这个事件负有责任。换句话说，如果一个人无论做什么，对于某一个事件结果的产生都不能造成任何的变化和差异，那么这个人就不能够算得上需要对这个事件负有责任。具体到伤害上来说，如果一个人无论做什么，一种伤害都会出现，或者一个人根本就无法阻止一个伤害的发生，那么让他为伤害的发生负责，就是不合法的。如果一个人的行为和选择某个具体的未来事件之间并没有建立起来任何有效的观点，我们就不应该让他为这样的未来事件负起任何的责任。

这一类的道德直觉原则，在哲学上有进一步的阐述和发展。个体差异原则可以大致被理解为"因果导致道德"以及"反事实因果"两个哲学主题结合以后得出的结论。这两个主题十分的复杂，对于二者完整的阐述远远超出本章，甚至是这本书的处理范围。在这里，笔者只想讨论两个哲学主题结合以后得出的结论，并且展示他们和个体差异道德原则之间的关系。"因果责任导致道德责任"。这一个主题所指出的是如果要让一个人为一个事件 X 负责，那么他一定要在某种意义上引起了 X。换句话说，因果责任是道德责任的必然前提。如果一个人在因果关系上和一个事件无关，那么他必然在道德责任关系上与那个事情无关。即便一个人在因果关系上与某一个事件有关，那么他与这个事件的道德关系也不一定有关。换句话来说，一个人和事件之间的因果关系，是他和事件之间产生道德关系的必然前提。反事实因果理论的大致内容是因果关系的含义必须以一种假设式条件句的形式呈现出来。也就是说，如果 A 不出现，那么 X 也就不会出现。更精确一点，我们可以用大卫·路易斯的定义说，事件 X 在因果关系上有赖于 A 的必须符合以下充分必要条件，也就是如果 A 出现那么 X 有可能同时出现，如果 A 不出现，那么 X 也就一定不会出现在这里。要是两个分别的可能性事件把这两个哲学主题结合起来，放到我们讨论的行动责任问题上，我们就可以看到个体差别原则的合理性是建立在这两个想法上的。并基于反事实条件，如果一个群体当中的单独成员，无论是否参与了，一个人在集体行动当中都不能够改变这个集体行动所带来的后果 X，那么我们就可以说，这个集体成员的参与并没有引起集体行动所产生的伤害性后果，同时基于因果责任导致道德责任。既然这个集体成员并没有引起集体行动，他也就不能为集体行动负责。

对于因果关系的讨论引出的，是关于责任的个体准则当中的第二个原则，也就是控制原则（control principle）。根据控制原则的说法，只有当一个人对于某一些事件的出现有控制力，或者说它可以决定或者阻止这些事件的出现，他才能在某种意义上算得上是要为这些事件负责。对于控制原则的讨论其背后是大量的对于道德运气的思考和关心，在哲学家当中引发了大量的关注和写作。道德运气之所以对责任概念带来如此巨大的挑战，其主要的原因，是因为人们往往认为道德责任的产生和归属不能够有赖于那些非人为，不受人控制的因素。有很多因素比如说意外性后果，一个人所身处的特殊环境，一个人性格和秉性的形成，都在他的控制之外，但是却在很大程度上决定了他的行为以及这些行为的后果，我们有理由认为合理的对于道德责任的考虑，必须要把这些因素的影响排除在外，能够让我们从对这些因素的责任当中解脱出来。正如托马斯·内格尔（Thoms Nagel）所指出的，"不用反思，我们就会直觉地认为，一个人不应该在道德上为那些不是他们自己犯的错，或者那些超出他控制之外的因素而受到审查，这样的想法是合理的。"① 虽然我们没有办法解释清楚为什么，我们却总是觉得，如果发现一个人的行为或者结果，无论好坏是不由这个人控制的，那么对此所进行的道德评价的合法性也就大打折扣。

责任个体原则的要旨在于，不受我们控制的东西，不由我们的行动力发出，因此即便我们努力在行为上做出改变，我们依然不能对它们造成任何改变。在行动者控制范围之外，一切都归属于运气。合理的道德划定和归属，必须要建立在一个人的能力范围之内，必须要反映他的决定和他的控制，以及最重要的是他的行为能动性。通过进一步延展个人差异原则、控制原则，也给出了关于责任的更多条件。即便一个人和某一个事件的结果之间有因果联系，意味着可以对于事件的结果造成某种差异和不同。控制原则告诉我们，只有在这个行动者对于结果的产生具有控制的前提下，我们才能够认为她需要为这个事件的结果负责任。如果一个人不能够对某一个事件的结果做出任何的改变，或者不能在任何意义上决定它出现与否，那么这个行动者依然无法被认为需要对这个事件结果负责。

责任个人主义准则的第三个关键原则，也就是自主原则（principle of autonomy）。根据自主原则，一个人不可能被另外一个人的行为所带来的伤害性结果负责，除非他在某种意义上强制他人采取了相关的行为。没有任何人可以在恰当的道德意义为另外一个人的行为负责。据我所知，这一项原则暂时还没有在当代的哲学文献中得到充分的关注和阐述。其背后的原因，可能是因为这一项原则在直觉上的合法性十分地强，同时我们之前讨论的两个原则，也就使得这一个原则的导出自然而然，既然只有那些

---

① Thomas Nagel, . "Moral Luck." In *Moral Luck*, edited by D. Statman. State University of New York Press. 1993.

能够造成个体差异的个人才应该对其负责，同时，一个人必须要对这个事件后果的出现拥有控制能力，那么我们只有让一个人为他自己的行动范围内的事情负责才是恰当的，而要让一个人为任何其他人的行为负责是不恰当的。

当然，不是每一次责任的归属问题都会同时用到所有的三个原则。这些原则往往在关于责任的日常直觉和做法中交替出现。人们对于这些温和个人主义原则在责任概念当中的应用往往是有意无意的，也不一定言明。但是这些原则却是我们在进行道德责任分配时所遵守的基本规范，要拒绝这些原则将会带来极有争议的道德后果，因为这将意味着我们要让人们为一些事情负责，但是这些事情不是由他们引起的，不受他们的控制，甚至是由其他人做出的。这样的道德标准真的有可能像大卫·路易斯指出的那样，"十分野蛮"。

第二节　集体责任的转化

温和个人主义认为，一个道德主体，必然是要符合个人主义的准则，这也就意味着责任分配的恰当主体必须是一个能够对事件的发生与否拥有足够控制的行为主体。如果我们暂时接受温和个人主义的这些主张，那么在我看来，温和个人主义在处理集体责任概念的时候，有两种可能的方式。在每一个例子当中具体采取的一种方式取决于集体责任是否可以在完整意义上转化成个体责任。在这一小节当中，我将探讨这个问题。

在有些情况下，集体行动所产生的责任可以被完整地转换成参与成员的个体责任。这种情况，我将它称为集体责任的完整转化。在完整转化的情况下，集体责任不过是每一个参与成员需要为他的个人行为主要担负的责任的总和。完整转化的集体责任的例子一般指一群人每个成员各自为善行恶造成后果后，所需要担负责任的集合。比如，一个学校培训机构提供一对一的培训服务。每一个老师可以通过自己眼中负责的辅导工作大幅度地提高对应学生的学习表现。如果这个培训组织中的老师，集体中的每一个人都努力地做到培训学生这件事情，那么所有在这家机构接受培训的学生也都会从中获益。当然，其中某一位老师可以有不同的做法，他可以拒绝认真努力地工作，选择玩忽职守，那么他就把自己排除在了努力辅导学生的群体行动之外。如果每一个老师都选择这么做，那么这些学生就不可能在学习上受益。换句话说，每一个教师个体对于他是否努力培训学生都有足够的控制，这也就意味着他能够通过个体努力直接影响接受辅导学生的表现和成绩。而整个培训机构的培训行为，也就是这些老师单独培训行为的总和。而这个培训机构培训的效果，也就是每一个老师培训效果的总和。对于这个机构培训效果好坏的评价，其实也就是对于每一个教师培训结果的评价。无论结果好坏，这个集体行动的责任，可以被完整地转化到每一个参与成员对这个集体行动的贡献上面。

在这里我想要借用并改写德里克·帕菲特的一个思想实验。帕菲特的这个思想实验出现在他著名的著作《理性与人》当中，我们把这个思想实验命名为"无家可归的残害者"①。虽然我并不赞同帕菲特有关于责任的后果主义理论，但是帕菲特的这个例子却很好地解释了集体责任的完整转化和不完整转化。在这个例子当中帕菲特邀请我们考虑一下两个情景。

情景 A 在过去的残忍岁月当中，曾经有过 1000 个加害者和 1000 个受害者。在每一天的一开始，每一个受害者就已经能够感受到微微的疼痛。每一个加害者要在一个装置上按下一千次的按

---

① 详见 Derek Parfit, *Reasons and Persons*, Oxford University Press, 1984, pp. 70 - 82.

钮。每按一次按钮，受害者都会感到一点微不足道的疼痛。但是，当每一个加害者按动一千次按钮，他的那个受害者将感受到剧烈的疼痛。

情景 B 在过去的残忍岁月中，有 1000 个加害者和 1000 个受害者。与之前不同的是，每一个加害者在与每一个受害者相连的装置上按下一次按钮。等到时间结束的时候，每一个加害者已经按动了一千次按钮，只不过是 1000 个不同的按钮。而 1000 个受害者也都遭受了极端的痛苦，只不过这种痛苦的来源，并不是某一个特定的加害者。换句话来说，每一个加害者都只不过是对受害者造成了微不足道的伤害。

在帕菲特看来，无论是哪个例子当中集体责任的转化都可以是完整的。第一个例子是比较明显的集体责任完整转化类型。每一个加害者群体当中的成员都对每一个受害者所承受的巨大痛苦负有责任。而第二个例子当中的责任转化则需要我们做进一步的分析，来看看这种转化是如何完成的。在第二个例子当中，每一个加害者的确都按了一次按钮，对一个特定的受害者造成了一点微不足道的伤害，而这 1000 个微不足道的伤害最后共同造成了巨大的痛苦，虽然这个时候，我们并不能够为一个具体的受害者界定出一个具体的加害者。乍看之下，没有一个加害者，可以为任何一个受害者所遭受的巨大痛苦负责，因为他对于每一个具体受害者身上所施加的痛苦的分量都微不足道。那么我们要如何解决这样一个责任分配的悖论，还是要说在第二个情境当中，虽然有伤害发生，但没有任何人，应该为这些受害者身上所遭受的巨大痛苦负责？

帕菲特用词类和词型（types and tokens）的区分将集体伤害转化成参与成员的个体责任。按他的说法，因为一个行为是一组能够共同带来伤害行为中的个案，那么这个行为也可能是错的。在情境二中，集体伤害的本质是每一个词类个体加害者施加在词类个体受害者身上伤害的总和。与此不同的是，在情景一中，集体的伤害是个体词型加害者施加在个体词型受害者身上的伤害总和。换句话说，每一个参与进来的加害者的确按了足够多次数的按钮，将严重的伤害，施加在了一个假设的受害者身上。作为词型加害者中的一个词类成员，虽然这些个人并没有在一个具体的实际受害者身上引发强烈的伤害，但是他们却要为伤害一个词型受害者负责。通过词类和词型差别，帕菲特给出了另一个完整转化的集体责任例子。同时帕菲特也在他的写作当中隐隐透露出一种想法，那也就是说，如果我们不把微不足道的伤害忽略掉的话，那么集体责任总是可以被完整转化到个体层面上的。

在我看来，只要稍加改动，帕菲特的思想实验就可以被用来解释集体责任的不完整转化。集体责任的不完整转化，是指在有些情况下，根据已有的责任概念和转换原则，集体责任没有办法被完整地回归到个体作用。在两种情况下可能发生这个现象：第一，在转换结束依然有集体责任的残留成分，没有办法被还原的个体责任；第二，在集体责任和个体责任两个层面之间，存在着完全的脱节和失联。无论是哪一种情况出现，在这里我都将它纳入"集体责任不完整转化"的范畴中。

在日常的道德生活当中，我们可以看到众多集体责任无法得到完整转化的例子。比如，引起全球变暖的集体活动，存在于千千万万的个人碳排放量产出之中，这些碳排放行为，往往是参与成员有意或者无意做出的。没有任何一个参与成员的单独行为可以引起全球变暖，也没有任何一个成员的单独行为可以带来结果上的差异或者阻止全球变暖的发生。每一个搭乘洲际航班，驾驶越野车，或者离开房间不关灯的行为都有所贡献。但很明显的是，所有这些单独行为都没有在任何明显的情况下引起全球变暖。是每一个个人行动结果的数量积累引起了全球变暖这个事件在性质上的变化，从而引发了最终的环境灾难。在这样的例子当中，每一个个体所要承担的集体责任，远远超出了在个体身上采取的琐碎的、貌似微不足道的行为。要理解个人和集体责任之间的关系，我们需要更为精细的和复杂的对于集体行动的分析和解剖。

现在让我们来重新回顾一下之前的例子，并对它稍作改动来解释，笔者所指的集体责任非完整性转化究竟是什么。上一个故事当中，大多数的元素不需要做改动，我们依然有 1000 个加害者，每一个人通过按动按钮将会给受害者带来一份微不足道的伤害，同时我们也有 1000 个受害者。在整个故事当中，我们需要改动的只有一个小细节。我们假设一个受害者可以遭受 999 次这种微不足道的伤害，而第一千次的伤害将导致受害者终身瘫痪。换句话说，在这种情况下，如果 1000 个加害者当中，有任何一个人没有按下按钮，而同时即便其他人都按下按钮，受害者虽然会遭受到巨大的痛苦，但是不足以变得终身残疾。而如果每一个人都按下了自己的按钮，那么受害者将无法避免地面临终身瘫痪的命运。接下来我们重新考虑一下两个情景。

情景 A 在过去残忍的日子里，有 1000 个加害者和 1000 个受害者，在每一天开始的时候，每一个受害者已经感受到少量的疼痛。每一个加害者按下装置上的按钮。每一次按钮被按一下都会导致受害者遭受到一次微弱不足以被察觉的痛苦。每一个加害者都在当天按下一次按钮。到那一天的晚上，1000 个受害者当中的每一个人都因为加害者当天按一下按钮而受到了一次微弱而不易察觉的痛苦。

情景 B 在过去的残忍日子里，有 1000 个加害者和一个受害者。每一个加害者都在一天，按一下装置上的按钮，因而给受害者带来一次微弱而不易察觉的痛苦。当一天结束的时候，第 1000 个加害者按下了一千次按钮，最终导致了受害者的终身瘫痪。

如果我们要沿用关于责任的个人主义原则，同时根据这一条原则，对于新的情景 A 和情景 B 中提到的集体伤害进行个人责任的转换，那么在新的情境 A 和新的情境 B 当中，两种情况下的个人参与者所应该承担的责任应该是相同的，因为根据个人主义责任的界定标准所给出的责任界定基础是相同的：在两个情景当中，每一个个人都只有按动一次按钮的控制力，每一个人在除了给受害者造成一次微不足道的伤害之外，没有其他的行为，而每一个人都只在已知有意的情况下给受害者带来了一次不可察觉的微小痛苦。从这样的个人主义原则当中来转换这次集体行为所造成的伤害，我们可以转换出来的是一千次微不足道的伤害，而不能是受害者最终的瘫痪。

也许有一些温和个人主义者认为，还是有其他办法，可以继续通过个人主义的原则来转换这个集体行动当中的责任。一个可能的提议是让最后一个按动按钮的人来为受害者的瘫痪负全责。其背后的推理如下，如果每一个人都知道，999 次按一下按钮都不会引起严重的伤害，而只有最后一次能够导致重大伤害，那么每一个在最后一次按按钮之前按一下按钮的加害者，都可以免责而不承担带来严重伤害的责任，只有最后一个按下按钮的人需要承担起那一项责任。因此在情境 B 当中我们依然可以看到完整转化集体责任的可能，这里的集体责任能够被完整地还原到个体成员身上，虽然这个还原并不导致一种平均分配。

然而，我们需要看到的是这个提议依然存在众多的问题。譬如，它对于一个可完整转化的集体责任情况作出了十分严苛的认知条件要求。这样的责任分配需要参与集体当中的每一个人都知道引起严重后果的按钮次数以及已经被按下按钮的次数。值得担心的是，这样的群体认知，并不存在，或者即便是存在，也不足够充分或具体，每一个参与的成员对于集体的共同行动，只有大概印象。而与此同时，每一个人都在试图完成自己作为集体行动当中成员应该要执行的计划动作，也就是在顺序上轮到自己时，按一下自己的那一次按钮，那么我们可以看到在这一个集体行动群体当中的成员所具有的认知能力和行动能力，以及依据信息和行动，意图都是类似和相同的。而我们要根据个人主义的责任原则，让其中偶然按下最后一次按钮的参与成员负担起集体行为中担负起最为严重的一份责任，这样的责任分配原则，很明显地缺乏道德规范上的合法或者合理性。

第三节　个人主义理解集体责任的三条可能路径

基于以上的讨论，我们现在可以再看一看针对集体责任的转换性这一个问题上，温和个人主义究竟持有怎样的观点和看法。在我看来，针对集体责任温和个人主义，大致有三条路径：第一条，一个温和个人主义者可以直接否认不可完整转化的集体责任存在的可能性。这一类的温和个人主义，虽然认为，集体存在主体不能够被完整地转换成构成他的个体成员，但是却坚持集体的道德责任，必须要在个人层面上得到实现。也就是说，道德责任只能归属于单个人类主体，而不能是集体存在主体。在这种观点看来，集体主体拥有的集体道德责任，只能是构成这个集体的每个个人所负有的责任总和。这样的观点否认不完整转化的可能性，因为责任在任何意义上的主体必须去从个人层面上生化出来的，不可能有脱离于个体之外的责任，因此在最根本的以上所有的集体责任，都应该可以还原成个体成员的责任。在整个转换的过程当中不会有任何的遗失，因为在根本上来说，集体责任只不过是个体因为在集体行动中所承担的个人角色和行为必须担负起的责任。要理解个体责任，我们所要做的不过是把构成集体成员的个体责任罗列出来，而最后这个完整的责任清单，就是这个集体责任。在这一章的后半部分，我将提供三个不可转换的集体责任例子来解释这样一个路径为什么并没有有效地帮助我们理解集体责任这样的概念。

在温和个人主义路径中，除了上述内容提到的可能性以外，剩下的做法是接受个人主义道德原则，同时也接受不完整转化集体责任的存在可能性。那么在接受这两个前提以后，这一类的温和个人主义者又能如何处理集体责任问题呢？首先，第一类的处理方式是把集体行动产生的伤害结果当中无法还原成个体责任的那些伤害界定为自然产生的不幸结果。持这一类观点的人在讨论集体责任时认为我们必须要看到个人在改变自己身处的社会条件时，往往面临着巨大的限制，我们必须认识到一个集体行动的成败与否，在很大程度上受到了个人控制力之外因素的影响。非常有可能出现一种情况，一个群体当中的每一个个体的行为在道德上都是无可指摘的，但是他们的行为叠加在一起，却不可避免地带来了某种伤害。在这种情况下所出现的错误，也就是伤害的出现，来自集体行动当中某一些新生性（emergent）的特征，比如说集体行动发生的条件，集体的结构和集体决策的决定过程。所有的这些都没有办法被划定归属于某一个个体。不是每一个人，不是每一份伤害都会产生相应的责任。因此在这一类观点看来，从不完整转化的集体责任当中产生的伤害，只能被看作是发生在受害者身上的不幸或者悲剧。

我们再来看一下在之前讨论中出现的新情景中 A 和 B 的状况，并根据这样一种推理的说法，这一类的温和个人主义者会认为在 A 和 B 情景中的加害参与者要承担的责任是完全等同的，也就是引发微不足道的痛苦的责任。在情境 B 中，没有任何一个人需要单独为受害者的瘫痪结果负责任，虽然这个结果来自于一千次微不足道的伤害累积。虽然这种伤害不仅仅使得受害人感到痛苦，还有一个累积效果，而这种累积效果的出现，只能被解释为受害者的不幸，而跟每一个加害者的意图和能力没有关系，因此也就与这些加害者所要担负的责任没有关系。

　　除了把无可转换成个体责任的集体责任部分视为受害者的不幸，或者是情境本身的偶然缺陷之外，那些承认不完整转化集体责任的个人主义者还有第二条路径。根据这条路径解决集体责任归属的办法，是假设一个需要担负集体责任的主体，而其构成部分是不需要担负责任的个体参与者。大卫·库帕（David Cooper）持有这样的观点，他认为我们有可能让一个集体主体为其行为负责。但是与此同时，认为这个集体主体当中的每一个个体成员都不需要为此负责。在库帕看来，我们必须要看到对于集体的责备，不能够在个体的层面上得到解释。在一些特殊的情况下，这种责备只能够针对集体来发生。根据库帕的想法。那是因为"个人行为的责任标准和集体行为的责任标准应该是不同类的一个集体，要为自己的行为负责任，因而需要服从一些标准，但这不一定意味着这个集体当中的每一个个体都需要服从同样的标准。"虽然库帕在责任问题上依然坚持个人主义的理解，但是这一种推理方式却带来了集体责任和其个体成员责任之间的绝对分立或者说互补观点，以期通过这种办法来解释集体责任的不完整转化。根据这样一种理论我们回看一下在新的情景 A 和情景 B 中，我们应该如何理解责任概念，在库帕看来，在两个情景当中两个群体当中的个人所担负的责任是一致的，而在情景 A 中，群体不需要为单个受害者的瘫痪结果担负责任，而在情景 B 中这个群体需要。

　　到目前为止总结来看，温和个人主义提供了大概这三种路径，可以来解释集体责任。第一种路径是接受不完整转化的集体责任的存在，同时把它解释为一种自然偶发出现的不幸或者灾难。第二种路径是接受不完整转化的集体责任的存在，同时把这种责任看成是一种与构成这个集体的个体责任完全不同的东西，因而不存在任何承担这种集体责任的个人主体。第三是直接否认不完整转化集体责任的存在，认为集体责任永远可以被完整地转换成个体责任。而这种转换完全可以根据责任的个人主义原则来完成。在我看来无论是第一种或者是第二种都不是能够帮助我们较为圆满地解决集体责任问题的方式。认为在面对集体行动造成的灾难性后果时我们束手无策，即便是一个集体和当中的所有参与者都无法避免集体带来的伤害诱惑，就是把一些责任架空成一种集体责任，而否认这种集体责任有任何实际上的承担者，因此也不能够根据这种集体责任对于集体成员的个体行为做出任何的要求。这些林林总总的做法在我看来都不是一个令人满意的、合情合理的责任理论所应该提出的解决方案。如果一个不同于个人主义的责任理论可以更好地理解集体责任，能够给出和这两种方案不同的替代性路径，那么我们就有理由抛弃个人主义理论而接受那种替代行动者论。

在我讨论可能的替代性责任理论之前，我想要给出进一步的证明和具体的案例，来说明不完整转化性集体责任是一个实实在在的现象，这种现象的存在是系统性的，以此来表明第三个路径，也就是否认有任何不完整转化集体责任的办法，归根到底是行不通的，因此在以下本章的内容当中，我将首先讨论不完整转化型集体责任的决定性现象和事例。在讨论完这些事例以后，我将试着在这一章的后半部分勾勒出一个不同于温和个人主义的责任理论，作为更优选的替代性理论。

第四节　不完整转化型集体的实例

我们在日常的公共和道德生活中，经常可以见到无法被完成转型的集体责任。这一类型的集体行动的一大特征，是它们所产生的集体责任，根据个人主义责任原则，没有办法被完全还原成参与成员的个体责任。在我们用个人主义责任原则进行转换时，要么会在集体责任当中出现遗留的成分。也就是说会有一些集体行动造成的后果，在经过转换之后，变得没有责任承担者来为更为严重的后果负责。在经过转换之后，我们会发现集体层面的道德和个体层面的道德之间，出现了彻底的断裂和失联。出现这些情况往往有很多的原因。有的时候集体行动只为参与成员当中的一些人的目的服务，有的时候甚至没有任何参与成员的目的在这一个集体行动当中得到实现，更或者没有任何一个参与成员对于这个集体责任具有专属的控制（exclusive control），还有可能是即使一些参与成员做出行为上的改变，也没有办法对集体行动的结果带来任何影响，因此在每一个不可完整转化的集体责任背后我们都需要具体地分析其来源。在这一章节中，我将用三类确实的例子来说明，这一个现象是确实存在的。对于这种现象产生原理的归纳和解释，虽然不在本书的研究范围之内，但是一旦我们将这种现象确定下来，我们就可以看到个人主义责任理论的第三个路径，也就是否认不完整转化的集体责任的方法是行不通的。本章接下来要讨论的三个现象类型分别为过度决定现象、集体无作为现象和教条悖论。

一　过度决定（overdetermination）现象

过度决定现象，是指一个事件或者一个结果的产生，由多个因素来决定。其中任何一个单一因素都不能充分地引起这个事件或者结果。换句话来说，能够引起结果的因素远远超过引起这个结果的必要数量。具体到集体行动和集体责任上面，是指在很多情况下，有一些结果产生于一群集体的成员或者一部分集体成员的共同努力。单个参与成员的努力，在这些情况下并不能够给结果带来多少影响。一个集体行动的成功与否，在很大程度上取决于具体其他成员行为的累积结果。

乔纳森·格拉芙（Jonathan Glover）在一篇文章的题目当中，很好地把握了我们将要讨论的过度决定现象，这篇文章的题目是"我做不做无关紧要"。在这篇文章中，乔纳森·格拉芙为我们提供了一个思想实验的案例，这个案例的名称叫作沙漠中的远足。这个案例，后来被帕菲特和库茨在集体责任讨论的文章当中反复提及。格拉芙讨论这个例子的原文较长，在这里，我将转述它的简洁版本，以方便我们的阅读和讨论。

假设在一片荒无人烟的戈壁沙漠中，有两队人马正在行进。我们管其中一队叫楼兰队，一共有 10000 名成员，另外一队叫精绝队，人数是楼兰队的 1%，也就是 100 人。两队之间相隔着很远的距离。每一队中的每一个成员都随身携带着大约容量为 10 公升的水。而这个饮用水的容量大约是一个人走出这片戈壁沙漠所需要的用水总量。当然，如果一升水中少了那么几滴，这个人还是可以靠大约的用水量在这片戈壁上生存下来，但是如果比一升少了很多，那么生存就会出现问题。一日入夜后，一群抢匪进入了精绝队的帐篷，盗走了他们所有人的储备水。精绝队向楼兰队发出了求救信号，希望能够进行支援，为他们送去足以让他们在这个旅途当中生存下来的水量，也就是大约 1000 公升水量。幸运的是，楼兰队中恰巧有多余的水桶，足以装下 1000 公升的水。因此，有人号召每一个成员贡献出很少的水量，也就是大约 10 毫升左右的水。我们可以想见，在大漠戈壁的深处，要放弃自己一部分的生存用水是令人十分害怕的，但是楼兰队中的有识之士却一再向我们保证，放弃这么微量的用水，并不会影响到我们在大漠戈壁中的生存概率，但是如果我们把这些少量的水贡献出来，却可以拯救精绝队整个队伍里面所有人的生命。

我们来假设，精绝队成员的生存，是一个值得追求的目标。那么在这种情况下，楼兰队需要做出一个集体的拯救行动。如果楼兰队没有能够共同展开这一项行动，那么无论如何将是楼兰队在道德上的失败。这个时候麻烦的问题出现了，我们将如何把楼兰队整体所面临的这样一个责任，转化成队伍当中每一个个体的责任？假设楼兰队最终没有能够完成这一项集体行动，因为楼兰队中的某一些甚至是所有的成员都没有能够给精绝队贡献出自己的水量，因而精绝队当中的某些成员死于失水过多？楼兰队的个体成员可能会为自己的选择做如下的辩护。这个问题的范围和两队之间的人口比较造成楼兰队任何一个成员的单独行为很难对最后的结果造成多大的影响。因为毕竟贡不贡献自己的 10 毫升用水，对于拯救精绝队当中的任何一个成员而言都是远远不够的。换句话说，如果楼兰队当中的每一个成员都贡献出了 10 毫升的用水，那么一个或者一些成员没有捐赠出自己 10 毫升的用水量也不会造成精绝队当中任何一个成员，因为失水过多而死。因此没有任何一个楼兰队中的成员，对于任何一个精绝队中成员的生死具有完全的控制力。

这个时候，在温和个人主义者看来，要让楼兰队当中的任何成员对精绝队当中成员的死亡负责，都是不可取的。首先，这样的做法违背了个体差异原则，因为楼兰队中，任何成员是否捐出自己 10 毫升的水，对于精绝队成员的死亡与否，并不能够带来多大的区别。其次，这样的做法会违背控制原则，同样的是因为楼兰队的个体成员，对于精绝队当中任意一个体成员的死亡并不具有控制能力。我们并不能够说，楼兰队当中一个成员是否捐出 10 毫升的水，就对精绝队当中一个成员的生死与否产生巨大的影响。最后，如果要让楼兰队员对精绝队员的死亡负责同样也违背了之前提到的自主性原则。换句话说，如果精绝队成员出现了死亡事件，那么其结果，必然是由楼兰队一个以上的成员共同造成的，而不是由单个成员可以造成的。根据个人主义责任原则，我们不能够要求一个人为其他人的行为造成的结果负责。因此在这个案例当中，责任个人主义者将没有办法进行责任归属的划分。因为在楼兰队当中没有任何一个具体的个人，可以为这样的集体道德失败负责，因为每一个楼兰队当中的各个成员都可以算是一个集体行为的平等参与者，而没有任何一个楼兰队当中的个体可以为这样一个集体行为负责。就像前面所说的那样，责任个人主义者在这样的一个例子当中就只有两个理论选择。要么否认楼兰队在这次集体救援任务当中出现了任何道德上的失败。或者说，楼兰队作为一个整体需要对这次集体行动的失败负责，然而这样的失败，却不能够成为楼兰队当中个体成员改变自己不贡献用水选择的原因。这个时候，我们不再可以坚持说，楼兰队的集体责任，能够根据个人主义责任原则，完整地转换成其个体队员的责任。

在这样的一个集体行动例子中，我们所看到的现象就是第一种不可完整转化的集体责任类型，"过度决定现象"。在面对这样的现象时，一个责任集体主义理论，如果想要让个体成员承担起经济责任，就不得不放弃个体差异性原则。换句话来说，责任个人主义者在面临过度决定现象时必须要承认，即便一个人的行为并不能够为集体行动的后果带来任何决定性的影响或者作用，即便这个个体对于一个后果的出现并不具有控制能力时，我们依然可以合法地把行动后果出现的相关责任归咎到这个个体身上。如果不放弃这种个人主义的责任原则，那么我们就完全没有办法解释在像以上例子的事例当中，究竟出现了什么样的道德失败，以及这样的失败所带来的集体责任。

二 集体无作为（group failure）

第二个不可完整转化型集体责任的例子是对于集体无作为的责任。在这种情况下，一群人以及这群人当中的每一个成员都应该去做出某些行为，但是群体的成员却因为群体当中的他人无所作为，而同样保持无所作为的状态。换句话说，集体需要做出一个本来应该做出的行为，而实际上集体的成员，因为彼此单个的无作为也同样保持无作为，从而导致整个集体的无作为状态。这样的集体无作为现象，在社会心理学的观察当中比比皆是，这种现象有时也被称为旁观者现象（onlooker effect），或者责任分流现象（diffusion of responsibility）。我们之前提到的凯蒂·基妮维丝的谋杀事件就是这种集体无作为行为的典型表现。

集体无作为现象是一种常见的社会心理学现象，在经验生活中四处可见。它描述的是当一个个人处在一个群体之中，当他看到群体中的他人对于一个人要承担的责任无所作为时，他也就比独处时更有可能无所作为。这种旁观者冷漠的情绪来自于一个人身处于一大群人中被冲淡的个体责任感。换句话来说，当一个人观察到所有的人都不去做一件在他看来合理和应当的事情时，他就更有可能不去做那件合理和应当的事情，甚至有可能把这件合理的事情判断成是不合理或者不应当的。虽然人们都可以认识到这样的判断背后并没有坚实的逻辑依据，但它就是一个实实在在的心理事实。在很多社会心理学实验中，我们都可以看到这种现象的存在。

在实验心理学的著名文章《旁观的冷漠》[1] 中，报告了一系列心理实验观察。他们要受调查的大学生听到另外一名学生志愿者癫痫发作。在一些情况下，这些学生被告知屋里只有两个人，他自己和另外一个癫痫发作的学生。而在其他情况下，受实验的学生被告知总共有六个学生，除了癫痫患者和他自己之外，还有四个学生同时在场。在第一种情况下，出手救援癫痫患者的学生高达85%，而在第二种情况下，只有31%的学生出手相救。

这两位社会心理学家在哥伦比亚大学进行的类似实验。他们让学生们共同来见证实验组织者，然后将学生们分开填写调查表。每一个学生都被分配到一个独立单间中。突然会有一个单间中的女学生高声叫喊，"救命，我的脚不知道怎么了！我不能动

---

[1]　Latane, B. & Darley, J. M., "Bystander Apathy", *American Scientist*, 57（2），1969.

了!"当然,这次呼救是事先安排的,但是这些受试的学生却不知道它是假的。当接受实验的那些学生都单独在自己的房间里时,大约70%的人会走出隔间试图进行救援。而当这些被试的学生两人一组时,大约只有40%的学生会有所回应。这和约翰·达尔利(John Darley)与彼比·雷腾(Bibb Latane)所设想的结果是一致的。很多社会心理学家认为,这一类的观察一再地向我们显示了一个结果,也就是当人们认为他们是在群体中时,相应的道德责任感就会降低,或者说根据道德动机去有所行动的可能性会降低。我们在前一章中所提到的在纽约街头众目睽睽下谋杀,其实是这一类例子走出实验室在社会真实生活当中的鲜活体现。

在旁观者冷漠的情况当中,我们都可以直觉地感到出现了某一种道德上的失败或者错误。那么个人主义者,又将如何解释这样一种道德上的失败或者错误呢?如果我们说所有旁观者的群体共同制造了这样一个道德上的错误,那么个人主义者将不得不说,这个错误并不来自任何个人行为上的失当。这些旁观者的道德失范,当然不是来自他们参与到造成伤害的事件当中,同时如果群体当中的其他旁观者有所行动,那么集体的失败就不会出现。因此道德失败,也不来自任何一个具体的个体的无动于衷。它来自整个群体的无作为。如果说这种情况下的旁观者有任何的个体责任的话,那么这样的个体责任一定是非常有限的。个体旁观者的道德错误,仅仅出现在其他人也像他一样无动于衷,无所作为的情况下。

当涉及旁观者效应的时候,个人主义就面临着不可完整转化型集体责任的挑战。为了解决这样一个问题,个人主义必须要放弃自主性原则,承认我们必须要看到在某一个具体的情况下个人之间的互动和交流,并且以此为根据来配置集体不作为所带来的责任后果。换句话来说,当我们要决定一个人作为不作为的集体成员,是否需要为自己的行为负责任时,我们必须要看到其他群体当中的人的意志和行动，以及他人的意志和行动，如何引起和改变了这个个人的意志和行动。这样的考虑方法，使得个人主义者必须放弃其责任理论当中"独体化"倾向，也就是自主性原则。

三　教条悖论（doctrinal paradox）

不可完整转化型责任的第三类例子来自于一些法学界的学者对于一些陪审团的决策过程的观察，因此这类现象也被法学界称为"教条悖论"。在陪审员制度中，往往有多个决策方参与到一场法庭庭审当中，需要针对一个案件作出共同的判决，同时在作出判决之前，他们就已经接受某一些固定的决策标准、法条原则，并决定以此来处理这个案件。在这样的决策情况下，往往会出现我们这里将要讨论的协商困境。因为在我们累积不同的判决的时候，根据累计这些意见所使用的方法不同，往往会产生不同的共同决策结果。这些参加庭审的陪审员需要做出自己在个人层面的决定之后将他们的个人决定累计相加成集体的意见。当然，他们也可以投票决定需要进行的一些相关项目的考虑，最后让这些票数去决定最终判决。

虽然教条悖论在法律实践当中十分常见，但是在具体的生活中并不是随处可见。所以接下来我将用一个具体的假设例子，来更加详细和准确地解释教条悖论的具体含义，以及它是如何发生的。假设比尔·盖茨、扎克伯格和马云要一起决定是否提名安伦·施瓦茨为网络自由协会的主席。根据提名委员会的提名规则，提名人必须要根据以下三个标准来考虑提名的合适与否：第一，提名人是否能够胜任协会主席这一职务；第二，一旦提名公布，提名者是否会接受这样一个职务；第三，设立协会主席这样一个职务是否是必须的。当投票委员会的意见出现冲突时，绝大多数票数将成为最后决定的结果。现在我们设想比尔·盖茨、扎克伯格和马云在考虑是否提名施瓦茨的过程中就各项考虑相关项做了以下决定：

	是否胜任职务	是否乐于担任职务	是否需要设立职务	是否提名
扎克伯格	是	否	是	否
盖茨	是	是	否	否
马云	否	是	是	否
委员会	是	是	是	是/否

　　根据这张表格的显示，扎克伯格认为施瓦茨完全有能力胜任协会主席这一项职务，同时设立这一项职务，也是必须的，但是在扎克伯格看来，施瓦茨不会接受提名，并且出任这一项提名，因此最终扎克伯格投票否定了提名施瓦茨协会主席的这一决定。接下来我们看一下比尔·盖茨的考虑过程。在比尔·盖茨看来，施瓦茨的确有能力出任协会主席这一个职务，同时一旦提名的结果被公布，施瓦茨也会乐于接受这样一个职务。但是在盖茨看来，问题在于这样一个协会主席的职务本身就是不必要的。最后综合以上的考虑，盖茨认为提名施瓦茨为协会主席这一项决定本身是有问题的。与扎克伯格和盖茨不同，马云认为施瓦茨本人并没有能力出任自由网络协会的主席。但是他认为，如果这个提名得到公布，施瓦茨应该会接受这个工作，同时这样一个职位也是必须的。只不过出于第一项考虑，马云最终决定不提名施瓦茨为协会主席。那么在三个提名委员会成员都通过考虑决定不投票提名给施瓦茨为自由网络协会主席。根据一开始提到的集体投票决策规则，这个群体的最终意见总和，也就是集体意志，或者说集体决策为不提名施瓦茨为自由网络协会主席。这样的个体意见综合成集体决策的过程是一种集体决策方式。在这种决策方式中集体中的每一个个体通过个人理性的方式来针对集体的决策作出判

断，最后集体根据每一个人的个人判断的总和来得出集体意见。

与此同时，我们还需要观察到另外一种同样合理合法地得出集体决策的综合方法。如果我们仔细观察每一个考虑项目当中的大多数人意见，我们就会发现以下的现象。在认为施瓦茨是否胜任的这一个考虑项目之下，大多数人，也就是扎克伯格和比尔·盖茨两个人都同意施瓦茨是可以胜任这一项职务的。在考虑提名后，施瓦茨是否会接受该项工作？大多数人认为施瓦茨是会接受的。最后一个考虑项也就是这样一个职务是否是必要的问题上，大多数人也都认为这样一项职务是必要的。因此我们可以合理地说，在这样一个集体当中，大多数人都认为是施瓦茨可以胜任该项工作的，施瓦茨在提名宣布之后，是会接受这项工作的，以及这样一项职位的设立是必要的。那么在这个意义上，整个集体通过理性选择所得出的结论，应该是我们需要提名施瓦茨为这一个工作的候选人。

从这样一个例子，我们可以看到，在典型的多人和多考虑项决策环境当中，我们有不同的集体决策模型。即便这当中的每一个成员都按照严格理性的方式做出自己的决定，我们依然有两种以上的方法来综合出最后的集体决策。这个集体可以让每一个人，根据他们在各个决定项上的个人意见得出自己最终的个人判断，然后累计每一个个人的综合判断，并以此作为最后的集体决策。同时这个集体也有另外一种方式来得出自己最后的决定。也就是在每一个决定项上累积整个集体的意见，最后形成集体对于每一个决定项的判断，并在这个层面上，以集体为单位考虑每一个决定项的多数意见结果，以这样的方式根据集体理性来做出最后的判断。在以上这个例子中，我们可以看到这两种同样理性，基于同样信息量之上的决策方式，给出了截然不同的决策结果。

集体决策过程当中这样的貌似冲突性的决策结果被哲学家们命名为"协商困境"。这样的决策困境激发了很多哲学家的研究兴趣，比如菲利浦·佩蒂特（Philip Pettit）对于"集体能动主体"的讨论。这个问题同时也让政治学家和经济学家颇为挠头，继而引发了众多讨论和研究，譬如克里斯蒂安·李斯特（Christian List）对于公共决策问题的讨论。这些学者们都认为，教条悖论出现的可能性非常之大，任何时候一群人一起讨论商议，想要就某一个问题达成一项共同的意见，同时在所有相关信息等同的情况下还涉及其他问题时，这样的悖论就非常有可能出现。它往往发生在各种各样的公共主题当中，比如公司、政府和各类的委员会讨论。就像我们在上面的例子当中看到的，当我们在讨论集体行动时，最令人担心的情况出现了。一个群体可以通过某一种决策方式和决策过程，接受一个立场或者想法，但是这个群体当中没有任何一个单独成员会接受这样的立场。集体决策和个体参与成员决策之间的完全分离，在我看来是集体行为最大的一个问题，而这个问题通过教条悖论，以最突出和显见的方式体现出来。

具体到提名施瓦茨这个事例中，看起来这个集体和他的成员将面临两个选择。他们可以选择共同作出否决的决议。这样的决议能够最大地构建起集体决策和集体当中的个人决策之间的相互关联性，换句话说，个人最终意见是能够很大程度上影响集体最终意见。这样的特征被命名为集体决策相对于个体决定的"回应性（responsiveness）"。一般来说一个合理合法的集体决策所具有的这种回应性会更高，因为我们认为，一个集体的决策一定要在某种程度上反映出这个集体当中每一个个体的决定。但与此同时，我们也需要看到，做出这样一个选择的集体，其实在集体理性的层面上付出了极高的理性代价，换句话说，这样一个集体在每一个选择上都做出了同意的决定，然而在最终的决定上却做出了否定的决定，从一个选择和理由应该一致的理性选择角度来看，这个集体的内在决定充满着冲突和不一致。从这个角度看来，做出否认决定的集体，很难在有效的意义上被看作是理性的，因为它完全违背了理由与决定相一致的内在理性标准。当然，与此同时，同样一个集体可以走向另外一条路径，也就是这个集体在最大的程度上，保持其决定内在理性的依据性和合理性，但是在这么做的同时，集体却有可能最后达成一个大多数个体成员都不会赞成的最终决定，从而在很大的程度上牺牲集体决策相对成员个体的相关性。这个路径的问题在于，我们认为一个集体决策之所以可以被有效地为成员个体所分享，并且在此基础上具有合法性，是因为这个集体的决定，可以有效地反映参与成员的个体偏好和决定，如果一个集体决策失去了与个体成员之间的相关性，而仅仅追求内部的一致性和理性，那么这个集体性同样面临合理性和合法性的问题。

在佩蒂特看来，这意味着在群体当中，我们可以发现一种组织方式，这种组织方式把群体组织成一个个体，给了他们某一种思维能力，这种思维能力与其成员的思维中间存在断层。在社会形而上学看来，这样的说法足以把群体看作是一些独立于其构成成员的心理学意义上的自主体。

在这里我们暂且不去议论佩蒂特关于群体心理思维能力理论的对错与否。在我看来，这种现象的存在，揭示了一个对于集体责任问题而言十分重要的主题，那也就是一个集体其背后的决策过程和基础十分不同，而不同的选择程序，也就决定了这个集体共同决定的性质。在个体层面上看，不同的决定，因为其不同的性质和理由，往往在道德可承担性上有着不同的结果。那么在群体的层面上，我们依照类推类比，应该也可以想象，不同的集体，因为其不同的集体决策机制和过程，对于自己的决定，也有担负或者不担负责任的不同，以及担负什么样的责任都不同。这点我将在下一章当中做仔细的论述。

在这一章里，我们需要看到的是，教条悖论告诉我们，责任个人主义必须承认一个集体具有某种自我思维和自主决策的能力。就像上面提过的，而这个现象给责任个人主义所带来的挑战，要比其他两种类型的不可完整转化集体责任更为严重。在这样一个情况下，集体作为一个自主自动的存在，能够根据集体的目标和目的，在集体的层面上，根据自己的依据，形成理性的理由和决策，最终达成一个集体本身所想要达成的结论。在很多情况下，集体所做出的承诺和想法甚至都不一定是每一个单个个体所拥有的想法。如果这种情况普遍存在，当集体的范围不断扩大，它的决策过程也将会进一步地复杂化，那么个人主义所要面临的问题就变得更加严重，因为这个时候每一个个体成员在决定集体的行动和结果时都不再会拥有多少控制能力，甚至都不会扮演多大的因果角色。这个时候，我们反观集体当中的个体，我们将发现这些个体将不可避免地呈现一种双重对立的状态。因为这些个体作为集体成员所产生的意志和信念，与这些个体独立于集体、不作为其成员之一所产生的信念和意志将会有巨大的不同。在这个时候我们所理解的个体成员将会有两套相互独立的信念和意志，因此不同的集体成员，也将会有两种完全不同的主体行动能力。那么在这种极端的情况下，从集体责任到个体责任的转型，不但可能是不完整的，甚至有可能是完全不可能完成的。

我们来总结一下，这个小节的总体目的是想要提供几个不可完整转型的集体责任的实例。在责任个人主义当中，某一些人认为集体责任总是可以通过个人主义的责任原则完整地转型成个体责任。而这一些实例的存在，使得这样的理论路径变得十分可疑。我希望过度决定现象、集体无作为和教条悖论这三种事例，已经很有效地证明了，仅仅依靠个人主义对于责任的理解，我们不可能总是成功并妥当地在集体成员之间分配集体责任。因为个人主义路径的不完备，各种的混乱、冲突和悖论都不可避免地将会出现。那么如果不是采用个人主义的责任理解，我们又应该采用一个什么样的责任理解路径，帮助我们去解决集体责任当中所产生的责任？我将在下一章中试图对这样一个问题做一些讨论。当然这里的目标并不像野心勃勃的对于集体责任的规范性标准做出一个全面的回答。这里的有限目标是根据本书此前的讨论就这种不同的责任理解所应该具有的一些特征进行讨论，同时指出我们需要做些什么才能达成这样的理解。

第五节　从行动理由看集体责任

行动的理由和动机是近年来哲学家们关注的主要话题之一，在结束本章之前，我们有必要从行动理由的角度来分析一下集体行动的各个主张在行动理由上的不同面目。

哲学家们注意到，"行动"这个现象具有十分特殊的属性，往往令人感到费解。比如说，"小明眨了一下眼睛"和"小明的眼睛眨了一下"，两句话中所描述的现象事件在物理世界中几乎是相同的，但是前者可能被读作是一个行动，而后者更多的是一个身体反应。让行动哲学家们好奇的是，人的身体会产生各种物理变化，比如"举手示意""打个喷嚏""肠胃蠕动""指甲生长"，这其中哪一些会被我们看作是行动，哪一些不是？我们判定一个身体物理变化是否是行动的依据？一般来说，行动者总是知道自己的行动，对于自己的行动有一定的控制和把握。这让行动哲学家们乐于去讨论行动背后的意向（intention）。一个从外在视角看到的人类身体物理变化，如果背后有行动者的内在意向，它就与其他的物理身体变化区别开来，可以被视作是一个"行动"。掌握了行动的意向，我们就可以去做一系列的哲学分析，比如解释行动的发生、理解行动的缘由、判断行动的对错、追究行动的责任等等。

对于行动意向的讨论伴随着对于行动理由的讨论。众多行动哲学家认为，一个人之所以能够形成某种行动意向，是因为他有一个行动的目标，而对于这个行动目标的信念和考虑给出了他的行动理由。因此，要理解一个行动，澄清它的理由十分重要。首先，确定了行动理由，我们就可以对一个行动作出解释。在解释一个行动为什么会发生的时候，我们需要提供这个行动的由来，而行动者行动的理由往往就是各种行动由来中最重要的一个部分。比如，我们看到小明眨了一下眼睛，我们可以询问他为什么会眨眼睛。小明说因为他想要向朋友示意一些事情，而眨眼是他和朋友间固定的示意方式，因此他就眨了一下眼睛。在这里，小明对于眨眼给出了背后的理由，因此我们也就理解了为什么这个行动会发生。反过来看，如果行动者没有任何目的，因此也无法给出行动的理由，那么这个行动就会让我们感到非常费解，甚至会认为可能发生的不是一次有目的、有理由、可以解释的行动，而仅仅只是一次偶然的、身体上的物理事件。比如我们问小明为什么他的眼睛眨了一下。他回答说他也不知道。那么我们可能认为他的眼睛过于干燥，或者他的眼部神经出现了什么问题。这里的眨眼不是小明的行动，而只是身体的物理反应。澄清行动理由的第二个重要价值在于我们也可以借此来解释这个行动是否是合理的，它是否能够达成它的目的。当行动者给出的行动理由和行动本身发生某种合理性上的错位脱节时，我们可以说这个行动是不合理的。譬如，小明眨了一下眼睛，并解释说自己眨眼睛是为了向朋友示意一些事情，可是这一切都发生在一个漆黑的屋子里。我们可以说小明眨眼睛的这个行动是不合理的，因为它并没有实现这个行动背后的目的，得不到这个理由的支持，因为在行动理由和行动之间出现了某种脱节。最后，澄清行动理由的第三个价值在于我们可以根据行动理由来判断行动的对错，比如小明眨了一下眼睛来向朋友示意一些事情，然而小明是在高考的考场上向朋友示意考题答案。在了解了这个行动背后的理由之后，我们可以说小明的这个行动是不对的，这里对于行动的对错评价的对象是行动背后的理由。

总结来说，如果我们可以理解行动背后的理由，那么我们至少可以对一个行动做三个层面的判断：第一，根据行动理由的存在与否，我们可以判断是否出现了一个行动，而不仅仅是身体上的物理变化，这可以算做是通过行动理由来回答"是否有行动发生"或者"是否存在一个行动"等这一类的存在论层面上的问题；第二，根据行动和行动理由之间的实践一致性，也就是行动和行动理由之间是否匹配，我们可以判断这个行动是否是合理的，是否可以得到一致的解释。换句话说，通过考察行动理由，我们可以看到一个行动的原因，可以对于行动的出现作出解释，认识到这个行动是否是讲得通（make sense）的；第三，根据行动理由本身是否符合道德规则和价值，我们可以判断行动本身是否具有道德正当性。一个行动的理由和目的是否符合道德价值规范，是我们对一个行动进行好坏对错判断的重要依据。总结以上三个层面，理解行动理由对于我们认识行动的意义重大，理由在一定程度上给定了行动的存在与否、成因解释和好坏对错。这些考虑促使当代的行动哲学家和道德哲学家对于行动理由做出了大量的阐述和研究，对行动理由的研究已经成了当代分析哲学的一大主题。

值得注意的是，绝大部分对于行动理由的哲学研究都把行动默认为一种在个人层面发生的现象，这个做法在对于行动意向的讨论中尤为突出，这种做法的极致化导致了行动哲学对于当代心理学、脑神经科学的持续关注，一些行动哲学家甚至因此认为，必须借助于经验科学的进一步发展，才能构建对于人类行动更为妥帖的哲学理解。寄望于经验科学对于人类脑部功能的研究来解释人类行动，澄清行动背后的意向和理由，这种方法论的倾向在个人行动层面可能颇有价值。然而，通过这种实证方法是否可以帮助我们达成对于群体行动理由的理解，却是一个值得商榷的问题。

对于群体行动理由的讨论，其中的一个重点在于比较群体中个人的行动理由和群体行动理由之间的关系，这里的大致可能的观点可以分成三种，这三种观点在之前提到的集体行动研究中也分别都有呈现。第一类观点认为群体中个人的行动理由和群体行动理由是一致的，群体行动的理由就是群体中个人行动的理由。譬如，一个球队的每一个球员参加比赛的原因都是"要赢得比赛冠军"，因而这个球队参加比赛的原因也就是"要赢得比赛冠军"。显而易见的，这种理解群体行动理由的路径有明显的利弊。它很好地解释了群体行动理由的来源和所在，然而在个人行动理由与群体行动理由出现分歧、发生变化的时候，却没有办法延时、有效地解释群体行动。比如，一个球队里的有些人"要赢得比赛冠军"是想要"吸引异性的关注"，而另一些人是想要"实现自我价值"，群体行动理由的界定就会面临一些困难。这个时候"要赢得比赛冠军"这个群体行动理由仅仅只是个人行动理由的偶然结果，只不过是个人行动目的在工具和手段内容上的意外巧合重叠，无法为群体行动提供深层次的解释。更麻烦的是，那些想要吸引异性关注的群体成员找到了其他的办法去达成这个目的，或者通过赢得比赛冠军不再能够吸引异性的注意，那么这个球队参加比赛的群体行动就可能不存在有效的解释，因为这个时候"要赢得比赛冠军"这个理由已经不再适用于群体中的某些成员，而如果我们认为群体行动理由和群体中个体行动理由必须一致，那么这个时候的群体行动就是一个"无理"的行动。持这种观点的哲学家尝试用各种方法来弥补这个路径的种种潜在问题，坚持认为群体行动理由就是参与行动的个人理由的总和。

第二类观点认为群体行动的理由是群体中个人行动理由以某种方式聚合而成，这类观点认为群体理由和个人理由在内容中可能存在差别，但是它们之间存在某种关联。譬如，迈克尔·布拉特曼的"计划理论"在解释实践理由时就持这种观点 。布拉特曼指出，无论是群体的还是个人的，一个行动背后总是复杂的、经过权衡的一群理由。这些理由因为权重的不同、时间或者行动逻辑的前后关系等等原因，通过互动产生一种关联结构，这种结构关联最终导致并解释了行动的产生。举个例子，比如前锋队员想要通过赢得球赛来实现自我价值，因此全速奔跑站在了射门的最佳位置，而中锋球员想要通过赢得球赛来吸引异性注意，因而奋力把球带过中场并传给前锋球员。二者的目的不同、理由不同、具体的行动内容也不同，但是我们却可以解释他们一起进球得分的行动。在布拉特曼看来，不同个体的行动理由之间可能内容重叠，也可能出现交织和联结，这些都足以帮助我们理解群体行动的理由。这种方法也很好地解决了第一个路径可能面临的问题，在一个群体行动中，即便个体理由不出现重叠，但是只要个体理由之间产生某种关联，促成了群体最终能够在行动上一致合作，那么我们就可以把这些个人行动理由理解为群体行动的理由。第二类的观点较为持中，受到了很多当代行动哲学家的关注和认同。我们需要注意的是，根据第二类观点的说法，群体行动的理由依然在很大程度上脱胎于个人行动理由，虽然具体的理由内容可以存在很大的差异，但是因为这些理由在实践层面的互动关联，成为了群体行动理由的基础和来源。

　　和第二类观点相比较，第三类观点可以算是一种较为极端和硬核的看法。第三类观点认为群体行动的理由和群体中的个人行动理由之间可以不存在关联，它们可以是各自独立的存在。换句话说，群体行动的理由不是群体中个人行动的理由的累计叠加，也不是个人行动理由之间的交互结构，是一种独立实在的现象。菲利普·佩蒂特是这种观点的代表人物。在解决群体决策时可能出现的"对话困境"（discursive dilemma），佩蒂特提出了"基于前提理由的"群体决策行动模型，这种理解群体行动理由的模型促使我们不得不接受第三类的观点，也就是群体行动理由应该被赋予某种独立性，其存在不依赖于个体成员的行动理由，甚至可能与个体成员的行动理由完全无关。

如前所述，佩蒂特指出一群人可以像一个人一样产生想法、拥有欲望、并有所行动。群体可以是一个行动者，其"理性超越了（over and above）任何一个构成这个群体的个体成员"。这种超越个体的群体行动者在现实生活中有很多可能的例子，比如一个球队、商业公司、政府单位、政党甚至是教会和大学等等，它们充斥着我们社会政治生活的方方面面。

在这里，我们需要对"群体行动"这一话题稍作区分，用来澄清两种"群体"概念。首先，有一种对于群体的理解，是指那些单纯的由个人随机累积而形成的人群，比如"一个公交车站上所有短发的人"。这仅仅是一种分类意义上的"群体"（class），它们的存在并不会构成群体行动。其次，我们需要区分两种群体行动中的群体。第一种群体行动是协同，而不是合作。我们来设想两个赌徒在对赌。我们可以说此时有一个群体行动，也就是"对赌"，但是这里的个体成员之间并没有同样的行动理由，两个赌徒之间轮流下注的行动可以算是一种"协调配合"（coordination），但是不是"协同合作"（cooperation）。这种协同还出现在各种各样的以博弈为主要成员互动方式的活动中，甚至整个自由市场都可以视作是一个协同行动。协同过程中，成员都有各自的理由去行动，而这些行动最后构成了群体协同。除了协同，群体行动还可以是一种合作，比如一支乐队共同完成一次演奏，一支军队一起赢得一场战争。合作型的群体行动意味着参与成员和群体行动理由的某种关联，也就是说这些成员不仅仅会参与到相应的群体行动中，他们在一定程度上分有群体行动的理由。为了更清楚地看到协调配合和协同合作这两种群体行动之间的差别，我们来设想两只对垒的球队，球队甲和球队乙。两支球队可以算是一起完成了一个群体行动，打完一场比赛，这个群体行动是一种协调配合。而其中某一个球队中的 11 个人所完成的群体行动是一种协同合作。对于群体行动类型的这个区分在众多关注群体行动问题的哲学文献中有诸多讨论，这里就不再一一赘述 。在这个区分的基础上需要澄清的是，佩蒂特对于群体行动的分析更多的是针对协同合作型的群体行动。

佩蒂特在书中辩护了一种反还原主义的实在论观点，这种观点认为在协同合作的群体行动中，群体行动的理由可以独立于行动中的个人理由。实在论的部分反映在这个观点中认为群体本身就可以拥有一些态度和想法，并做出一些行动，而反还原主义的部分体现在这个观点上认为群体层面的态度、想法和行动不能够转化还原成群体中个体成员的态度、想法和行动。要支持这样一个观点，佩蒂特首先将话题中牵涉到的态度、想法和行动做一种功能主义的解读，也就是说一个主体具有一种态度或者想法，其关键在于它的内在状态之间的勾连、互动以及对外在环境的反应。因此，只要这个主体有能力实现这种状态，做出这些反应，那么它就可以算作有能力产生态度和想法，以及做出行动。对于态度、想法和行动的功能主义理解是当代行动哲学中很受关注同时也饱受争议的一种做法。我们不难理解为什么在讨论群体行动理由的时候，佩蒂特会采纳这样一种功能主义的，而不是还原物理主义的立场 。如果我们以某种方式把"态度"和"想法"这样一些东西与某种物理基础捆绑在一起，比如认为一个没有神经元或者脑细胞的主体就一定不会有"态度"和"看法"，那么要讨论群体出于某种理由而有所行动就会变得十分困难。所以，就像大多数讨论群体行动的哲学家一样，佩蒂特采用了功能主义的路径来解释群体在行动时的态度、想法和理由。

一个群体决定的形成在个体层面可以符合理性要求，但是在群体层面却无法符合同样的要求。佩蒂特以及很多当代哲学家都认为，这种现象可能存在确切地说明了一个问题，那就是在面对同样的事实，同样的考虑，使用同样的推理规则时，群体的理性决定和个体的理性决定之间可能存在绝对的脱节。换言之，面对同样的事实考虑和理性规则，个体的理性决定不能转化为群体的理性选择，也不能替代群体的理性选择，在这个意义上，个体层面的决定和群体层面的决定之间并不存在根本性关联。因此，佩蒂特认为在群体行动的理由问题上，我们需要持一种反还原主义的实在论的观点，即群体在行动时持有的理由可以独立于群体中的个体在行动时持有的理由，前者不能还原为后者。

在佩蒂特看来，协商困境不仅告诉我们从个体理性选择中无法得出群体的理性选择，更重要的是它告诉我们群体的选择本身需要符合某种独立的、超越个体层面的理性。每一个个体的理性选择无法保证群体的选择是理性，这并不意味着我们需要悲观地认为群体就必然无法作出理性的选择，而是要看到群体本身可以有独立的行动理由。佩蒂特认为，当协商困境出现时，群体有理由采取"以前提为中心"的决策程序（premise – centered proce-dure），而不采纳个体成员的意见结果。群体如果要成为一个行动主体（agent），就必须有能够产生内在理性一致（rationally uni-fied）的决定，这意味着群体决策要在群体层面的判断和意见之间达成一种符合理性的关系，而忽略个体成员意见的累积结果。甚至在群体决定达成之后，群体要用这种内在理性一致的决定来整合群体个体成员的意见。我们再来看一次疫苗认知的例子。"以结果为中心"的决策过程中，群体的决定要留待个体成员根据自己对于前提条件的判断作出决定之后，累积得出最后结果"病毒的致死率不会下降"。这样就会导致群体层面上，前提判断（"研制出的疫苗有效"并且"有效的疫苗会导致致死率下降"）和结论（"病毒致死率不会下降"）之间出现矛盾冲突。"以前提为中心"的决策程序要求群体根据个体成员对于前提条件的判断，运用理性一致的原则，直接给出群体决策的结果。这样，就可以在群体层面上，保持决策结果和决策前提的一致，这样群体也就成为"意图主体的整合性群体"（integrated collectivity as an intentional subject）。佩蒂特认为，理性一致（rational unity）是任何一个意图主体都需要满足的条件，而只有"以前提为中心"得出的行动理由才能在群体层面上满足这一点。

如前文所述，在"协商困境"的基础上，佩蒂特认为行动中的群体可以拥有独立于个体成员的行动理性，这也就意味着群体可以根据认识到的事实情况，形成自己的理解和判断，并且在这些理解和判断的基础上形成理由，根据这些理由采取行动。这就是佩蒂特"群体能动性"理论的基本出发点。在过去的十年间，佩蒂特的理论受到了众多哲学领域学者的关注，在备受推崇的同时也被一再地检验、反驳和讨论。

其中，最为常见的批评在于，佩蒂特的模型只是证明了独立于个体之外的群体能动性的可能存在。佩蒂特的工作"存在着一个重大的有限性，那就是他的理论给出了群体能动性的可能，而没有说群体能动性必然存在"。虽然佩蒂特在书中列举了众多历史和法律上的例子，但是他的方法依然是分析的和先验的。也就是说，佩蒂特的模型只是指出在某些特定的因素和决策原则出现时，参与决定的个体做出的判断和理由之间有可能恰巧形成了一种结构，这种结构会导致应用同样的理性原则得出的个体行动理由和群体行动理由之间出现脱节。然而，这些因素的出现，决策原则的推理结构和每个个体理由之间的结构都需要满足，这个模型中的独立群体能动性现象才会出现。佩蒂特的工作被看作试图用一个模态的论证方法来做一个形而上论断，也就是用群体能动性可能存在的模式来论证群体能动性的实际存在。

在我看来，这种常见的批评即便成立，我们也不需要从行动理由的角度来过度降低对于佩蒂特工作的评价。需要看到的是，当我们讨论群体行动理由时，佩蒂特的工作为我们开拓出了一个牢固的概念空间。首先，我们可以用他的模型来标志一个群体使用某种理性原则达成的协同合作行动，将它与一群个体的偶然行动结合区分开来。每个个人可以按照自己的理解和理性推理规则作出判断，然而每个人的判断之间却可以不存在任何关联。在这种情况下，群体行动的理性并没有出现。而当每个人在自己的判断基础上，共同根据一些理性原则综合得出最后的行动理由，这种综合出来的行动理由大多数个体成员并不同意，这个做决定的群体也就实实在在地拥有了独立的群体行动理由。其次，我们同样可以用这个模型来解释一个群体行动理由的合理性。群体行动理由的内在理性一致恰恰是佩蒂特模型最根本的考虑所在。如佩蒂特指出的，简单机械地将个体的行动决定累计成为群体的行动理由，因为"协商困境"存在的可能性，就有可能出现在群体层面的行动缺乏任何理由的现象，违背了每个个体遵守的理性原则，群体行动最终成为一个无理由、不合理的行动。而在累计每个个体的单项判断之后，综合成群体的单项判断，再根据理性原则指导群体行动，就可以保障群体行动理由的合理性。

但是佩蒂特模型当中给出的群体行动理由说法也存在问题。在我看来，在面对行动理由的第三个作用时，这个模型会出现令人失望的结果。也就是说，佩蒂特的群体行动理由模型无法帮助我们对行动本身，或者行动者的意图进行有效的是非对错和责任判断，也就无法有效地说明集体行动理由的规范性价值。

在《群体能动性》一书中，佩蒂特对于群体行动理由的讨论并没有止步于证明群体行动理由的实在性或者检验群体行动理由的合理性。进而他认为，基于之前的两点，我们也可以将"权利"和"责任"这样一些道德评价运用于群体之上。具体地我们应该根据那种道德理论来评价群体行动，比如是道义论还是结果论，佩蒂特并没有明确的主张。他认为不论是哪一种道德理论，都可以和"群体责任"以及"群体权利"这样的规范性概念相融。在他看来，既然群体可以产生独立于其个体的行动理由，那么就像那些能够理解并产生行动理由的个体一样，群体也可以承担起责任，并拥有权利。

有一些主体，比如说机器人或者低级动物，甚至是婴儿，它们仅仅对于外在环境作出机械简单反应行动。这样的主体即便可以产生行动，却无法拥有清晰稳定由理性支配的行动理由，因此也就谈不上需要对自己的行动负有责任。而那些能够根据个体的判断，并一致地按照理性原则得出的理由去行事的群体，那些具有人格性的群体，就可以担负起自己行动的责任。"当群体需要对某一个说法进行思考，并且形成自己的判断或者态度时……群体就采用自己组织结构中的步骤来达成这一点。"一旦群体采取了"以前提为中心"的决策方式，也就满足了内在理性一致（rational unity）的行动理由要求，具有了成为权利和责任主体的资格。

根据群体可以形成独立于个体的行动理由，进而推出群体可以像能够具有行动理由的个体一样因为自己的行动接受道德评判，担负相应的责任，在我看来是佩蒂特的行动理由理论中过于匆忙的一步论证。在我看来，为了让主体为行动担负起责任，主体仅仅可以通过基本的功能结构产生行动理由并依之行动是不够的。主体和行动理由之间还需要有一种能动性的关系，而这种关系不仅仅要求前者"根据理性一致的原则产生"后者，更需要前者能够在某个意义上"控制"（control）和"决定"（determine）后者，能够对自己产生的行动理由做出反思和评价，判断这些理由是否符合道德价值或者道德规则。

我们用"责任"这个概念作为切入点，来考察佩蒂特的群体行动理由是否能够为我们很好地解决集体责任问题。我们可以看到，即便是佩蒂特本人也认为，一个主体要有所行动，它必须具有"拿定主意"（making up one's mind）的能力。能不能给自己"拿主意"，反映了主体是否具有作出决定的能力，决定了主体是否要为自己的决定负责。主体能够"拿主意"，也就意味着在某种意义上，某种程度上，主体能够决定自己的行动理由，左右自己的行动结果。一个行动主体必须要决定（determine）行动的发生，而不能发现（discover）行动的发生，它对于行动必须具有"创造者的认识"，而不只是"观察者的认识"。这里，佩蒂特对于行动责任主体的要求其实和众多哲学家的观点类似，都要求行动主体对于行动理由具有某种控制。那么，"以前提为中心"的决策模型中，群体是否对于自己的行动理由具有这种"创造性"和"决定性"的控制呢？群体是否可以左右自己的行动理由，为自己"拿定主意"呢？

在我看来，根据佩蒂特的模型，"以前提为中心"的决策群体在形成自己的行动理由时，有两个关键的形成内容：其一是群体中个体成员对于前提的判断，其二是综合这些前提的理性一致原则。而独立于个体成员的群体对于这两个内容本身都不具有"创造性"和"决定型"的控制。第一，在"以前提为中心"的决策过程中，群体本身不去左右个体成员对于各个前提的独立判断，否则群体的行动理由就会和个体成员的理由彻底失去关联，而不仅仅是为了达成内在的理性一致而产生一定的独立性。第二，群体要形成独立于个体的行动理由，恰恰是因为群体对于内在理性一致的坚持。因而，群体也不能决定是否要遵守内在理性一致原则，因此也就谈不上对这样一个原则进行控制。换言之，在"以前提为中心"的决策过程中，群体通过内在理性一致原则来"发现"在个体成员对于前提判断的基础上自己的行动理由到底是什么，而群体作为主体本身是不能够控制和决定自己的行动理由的。因此，群体也就不能为自己"拿定主意"，不能"决定"

自己的行动，因此也不应该为之负责。为行动担负责任的任务，依然要回到群体中的个体成员身上，而佩蒂特的模型也就没有提供一种道德规范层面上的集体行动理由。

总结说来，根据佩蒂特的理解，群体能动性主要指的是群体综合个体判断和偏好的某种结构性能力，这种能力可以将个体成员的行动理由转化成群体行动理由。而这种转化的成功与否，在佩蒂特的功能主义的理解中，仅仅取决于它是否能够成功地完成这种转化，让群体行动理由达成某种内在的合理性或者实践一致性。然而，以"责任问题"为例，我们看到这种内在理性不能反过来为群体本身提供与责任有关的道德规范，不能让群体本身成为道德责任的承担者。换言之，群体的决策结构和原则可以是精妙而复杂的，可以是行之有效且高度一致的，但是即便再精妙复杂，有效一致的决策结构和原则也无法直接给出具有道德规范性的行动理由。一个行动主体要形成和道德价值与规范有关的行动理由，这对于人格性的要求不仅仅要远远复杂于单纯功能性的要求，而需要从层次和本质上形成不同的能动性。打一个不尽恰当的比方，一堆设计精巧、内在运行良好的个体齿轮能够在啮合的情况下组成一个钟表。即便其中任何一个齿轮都不能够每 12 个小时按时转一圈，但是我们却可以通过分析每个齿轮和他们之间的啮合一致关系来解释钟表为什么能在 12 个小时内按时转一圈。这就如同佩蒂特的模型能够解释集体行动理由相对于个体行动理由的独立性一样。然而，解释性的理由并不能够直接成为规范性的理由。佩蒂特的模型解释了独立于个体的集体行动理由是如何可能的，却不能够据此就规定集体应该如何为自己的行动负责。

第五章　关于集体责任的另外一种观点

在本书之前的几章中已经讨论了两个主要的问题。第一，有一些行为来自于集体行动所针对的是一个集体目标，其发生的环境是一个集体语境。第二，要根据个人主义原则把这一类的集体行动所产生的责任完整地转化成这个集体的参与成员所承担的责任是十分困难的，其间会不可避免地产生多种多样的冲突。在这一章当中，我将要讨论关于理解集体责任的一种可能路径。在讨论这个路径之前，我将重新梳理之前提到的这两个问题，希望通过简短而扼要的说明，我们能够看到这两个问题结合起来，给我们带来了巨大的挑战，无论是在道德或者是其他规范以上，我们急需另一种有关于集体责任的观点，以帮助我们更好地理解集体行动的本质以及其产生的责任归属问题。

在本书的第二个部分，我将要讨论集体责任的一种可能路径。当然这里的计划不是想要雄心勃勃地为集体责任的另外一种观点整理出一个完整的系统，同时运用这样一个系统企图去解决所有与具体行动责任有关问题的困境。相反地，在这一章中，我想要梳理出的是这种可能的集体责任理论所必须具备的两种特征。我把这两种特征命名为"多重语境的敏感性"和"回应者的依赖性"，同时对于这两种特征的内在含义做出分析。在本章的最后，我希望指出，我们一直讨论的集体责任问题，在这样一种新的理解框架之下，成了一个公共实践问题。同时，它的妥善解决也可能需要依赖公共实践，寄希望于纯粹的道德哲学讨论能够帮助我们做出完备的回答是不合理的。

第一节 回顾集体行为和个人主义理解的不足之处

在第二章当中，我们讨论了各种各样类型的集体行动。其中有一些由一个集体的行动者做出，另外一些则与参与者之间意向的重叠相关，还有一些行动来自于各种各样的集体语境。总的来说，集体行动指的是人们在一起做事情这样一种现象。人们以各种各样的方式在一起，形成了一个集体行动：有时候人们分享一个共同的群体身份，有时候在人们的意向和行动之间形成了一个极其复杂和相互缠绕的网络，甚至有时候仅仅是因为行为发生的语境具有某种集体性。因为这些复杂的因素，集体行动中的集体性不能够通过对于个体行动的描述来完成，不论这里对于个体行动的描述，到底有多具体、涉及多少细节。如果我们想要接受集体行动当中的个人与个人之间的交互特质，那么仅仅去调查群体当中的个体的思维状态和身体运动是远远不够的，就好像一个人永远不可能独立完成一支探戈舞蹈。如果仅仅只关注于个人层面的单个方面行为，那么我们所能够做出的最好的描述，也只不过是这个人以一种类似于探戈舞蹈的方式，在另外一个遵循同样方式的个体身边进行某种移动。同样的，一个人不可能进行一场辩论，赢得一场足球赛，或者是引起全球变暖。在某种意义上，甚至连吵架这样最一般的日常行为，都不可能是在一个完整意义上的个人行为。如果我们把这些行为都分割成每一个具体个人层面上的行为，我们就没有把握集体行为这个现象的重要性。我们还需要看到，不但穷尽对于个人层面行为的描述没有办法帮助我们完整地理解集体行为，在有的时候，如果我们不借助集体行为，一些个人的行为甚至会显得十分光怪陆离和荒谬，变得难以理解。比如，如果我们没有"足球比赛"这样一个集体行为的概念，我们很难理解，十一个成年人，为什么要在一个规定的领域内相互追逐，并且不停地用身体当中很不灵活的部分击打一个球形物体，这样的行为在个人层面上看来十分荒谬可笑。为了获得对于集体行为更好的理解，人们必须从个人层面发生的事情当中扩大视野，把个人层面的行为所发生的集体语境纳入进来。我们需要看到的是，个人行为往往是作为集体行为的一个部分发生的，其目的是为了达成某一种集体目标。同样的集体的目标和集体的语境，使得个人行为获得了原本根本就不可能有的意义和价值。

具体来说，如果一个人没有看到行为背后的集体构成和性质，那么当我们试图解释人类的社会行为时，至少会忽略以下三个方面的特征。

首先，在最基本的层面上，如果一个人看不到行为的集体性拓展，他就没有办法意识到集体行为的累积加重效果。当我们看到一个人把一袋垃圾随意倒入河中的时候，我们可能很难把这个行为描述为破坏全球环境。而一旦我们将这个行为背后所涉及的集体氛围纳入进来，那么这样一个行为是环境污染行为的判断就显得非常明显。这样一个行为作为集体行为的一部分，也就是污染环境这样一个集体行为，将会引起十分重要的后果，那么对于这个单个个人的单次行为，我们就可以采取一种非常不同的评价角度和评价方式。根据这样的推理，每一次随手向河中抛掷垃圾的行为，都可以被合理地解释为对于当地环境的有意污染。虽然个人主义的责任原则，也可以对于个体行为的累积结果做出解释，但通过这样的分解分析貌似琐碎的个体行为，使得这些行为累积而成的严重后果得不到恰当的评价，无法有效呈现这种单次个体行为背后可能的深层次严重性。

其次，如果我们忽略一个行为的集体兴趣和特征，那么我们便很难得到这些行为背后的集体目的，在这种情况下，我们甚至很难解释个体行为的意义，无法判断在个体层面究竟发生了什么。这一点我将它称为集体行为的意义赋予功能。对于一个集体目的的分享，和对于共同计划的决心，往往从目的论的角度解释了一群人当中每一个构成成员个体的行为。在一场球赛的集体语境之下，"我们想要赢得一场球赛"解释了"我为什么要将这颗球踢得如此远"。如果没有之前提到的语境和共同目的，后面的行为将变得完全没有意义可言。与此同时，一个个体在一个集体行为当中的所作所为，取决于其他参与个体的意图和行为。我将这颗球传给我的队员，是因为你在这边让我带球前进。在集体行为当中，集体行为和个体之间的相互作用对于解释每一个个人层面的具体行为极为重要。因为每一个个体行为都高度地依赖着集体的目标和语境，那么我们不可能仅仅只通过描述个人层面的行为，就可以完整和有效地解释个人行为。

最后，集体行为的语境不但能够有效地体现出个体行为的累积增强效果，以及更为有效地解释并提醒每个个体行为的集体语境，有时更是个体行为得以可能的必要前提。换而言之，集体行为对个体有赋权（empowerment）效果。集体语境扩展了一个人所能够执行的行为范围，或者是个体做每一个群体的代表所能参与的行为范围。比如作为德国总理，威利·勃兰特可以为整个纳粹时期的屠杀行径作出道歉，此时的总理个人所做出的行为已经远远超越了他的个人行为。倘若集体的背景缺失，没有任何一个个体能够在这个意义上为屠杀道歉。因此，集体语境当中个人的个体行为所涵盖的意义，远远超过个体行为本身。这些行为必须要放入到他们的集体语境当中进行妥当的理解，因此在我们描述和理解这些个人行为时，必须把集体语境带入进来。一个人能够有意义地、有效地参与到集体语境当中，使用集体语境来表达自己个体行为所无法表达的意义，个体行为也就通过这样的集体语境获得了额外的意义。

还原性个人主义所犯的最核心的错误，在我看来，是把集体行为认作不过是个体意向和行为偶尔累积汇聚而成的结果。根据还原个人主义的想法，个体层面的描述可以充分地表达集体层面的行为，而在集体层面上发生的事件完全可以还原成个体的意向和行为。这样做的一个典型结果是，行为的所有基本特征永远是个人思维层面上的，或者是个人行为的结果。而这样一个还原个人主义的理论必然无法为我们提供一个关于集体行动的合理有效概念。

在前一章中，我集中讨论了与个人主义相关的另外一种缺陷和不足，那就是温和个人主义认为，如果一个人需要承担部分责任，那么这种承担责任的原因，必然主要来自于个人自由决定的那些行为。根据这样一种推理路径，温和个人主义认为只有个人，而且永远是个人才是责任的最终承担者。集体永远无法做到这一点，因为个人的信念和欲望被认为是行为的最终缘由，也是唯一有效解释，无论是个人行为还是集体行为。如果我们要为某一个行为来确定其背后的责任，我们只需要去研究这个行为事实当中所包含的个体，这个个体想要做什么，他是不是被强制或者胁迫去做这些事的，这个个体能够做什么不能够做什么，他是否具有足够的思维能力来进行思考和反思等等。我们不需要，也不应该考虑到其他的因素，比如说这个行为所做出的语境，一个行为会产生什么样的反应，或者他人对于这个行为当中的个体有什么期待等等，因为这样一些因素与个人的意向没有关系，同时完全处于个体的控制范围之外。一个关于行为和责任的个人主义因为排除了以上这些复杂的因素，总是呈现出单一的、绝对的、非历史性的面貌。

对于这样一种个人主义的责任概念，有众多哲学家纷纷提出了自己的质疑。在这些质疑当中，大部分的理论条件关乎于自由意志的可能和实在。这是个人主义的责任理论传统上所需要处理的问题，但是在当代的哲学讨论中，其中有一部分的质疑，并不是来自于对于自由意志的挑战，而在于对于研究责任概念的个体方法论本身。比如，哲学家诲因里希·冈佩兹（Heinrich Gomperz）指出："那种认为，人们可以为自己自由做出的行为负责的说法是错误的，其错误的所在是把个人主义这个具体时代特色原则，当作是人类本质的永恒法则。"①

当代个人责任的怀疑论者还讨论了道德责任的一些必要条件，与此同时，他们质疑所谓的这些条件是否能够得到真正的满足。比如我们大多数人认为认知和责任之间存在着一定的相关性，也就是说我们通常认为"一个人知道自己做了什么"和"一个人需要为什么负责"之间存在着某种相关性。比如，经典还原个人主义的责任理论认为行动者是否对于自己的行动具有一些重要的认识，是行动者能否为这个行为负责的必要前提。这种条件被称为道德责任的认知前提。乔治·谢尔（George Sher）在他的论述当中挑战了对于责任的这一先决条件。谢尔提出并全面批判了一种天真却很流行的认识论条件，谢尔称之为"探照灯观"，粗略地说，"行动者的责任只延伸到他对自己所做的事情的意识范围内"。谢尔设计了九个富有想象力的（但绝不是不可思议的）场景，来论证"探照灯观"有一个直觉上无法接受的后果。比如说，在热狗的例子中，女子接孩子放学后把狗丢在家里被锁住的面包车里，最后她收到了"行为不端，处罚不周"的惩罚。在回家过节的例子中，乔丽叶因为害怕小偷，拿起枪，扣动扳机，后来才意识到自己的儿子被她射杀了。谢尔认为，在这些案例中，在每一个案例中每个人肯

① Heinrich Gomperz, "Individual, Collective, and Social Responsibility", *Ethics*, 49 (3), 1939.

定会受到指责，而且很可能要承担赔偿责任。可是他们都没有满足"探照灯观"提出的要求。惩罚"探照灯观"之所以获得了一些支持，是因为它符合了我们的一些直觉，比如要求某人对他无法控制的事情负责是不公平的。既然认识自己是控制的必要组成部分，那么，公平起见，我们的责任实践要受到"探照灯观"的制约。然而就像谢尔指出的，"如果人们只对那些他们有意识有认识选择去做的行为负责，只对那些他们有意识和有认识忽略不做的行为负责，那么在严格意义上，没有人能够为任何一个行为，任何一个忽视或者任何一个结果负责，因为这里的道德和理性上的失败，永远能够被追回到某种认知失败，比如他没有能够使用想象力，注意力，他的错误判断和他的无知"。①

大多数哲学家为了替代"探照灯观"，提出了"本该知道"这个标准。根据这种标准，一个人有责任，往往是因为一个人有意识地选择了自己的行为，或者因为他本该知道自己的行为是错误的或愚蠢的。换言之，很多人会说，一个人都有责任，那是因为任何一个合情合理的人在他的情况下都会知道他的行为是错的或者是蠢的。谢尔也否定了这种观点的各种说法。他不满意的原因在于，这种说法没有充分解释一个人如何能够在不知道自己的行为是错误的或愚蠢的情况下仍要为自己的行为负责。

另外一个道德责任怀疑者，泰穆勒·索姆斯（Tamler Sommers），在他的著作《相对正义》当中提出，在实际道德生活当中，对于责任的理解，在不同的社会和文化传统中最终的结果不同，即便在同一个社会当中，人们在不同的历史阶段，对于道德责任的理解也存在着巨大的不同。我们不能说在人类历史和普通

---

① George Sher, *Who Knew?: Responsibility without Awareness*, New York: Oxford University Press. 2009. p. 7.

语言当中的不同的道德形象，都是出于某种不理性迷信或者概念上的混淆或无知。但即便是在理性情况下，非常有可能我们从来没有、将来也不可能对于道德责任达成一致性的理解。那么从文化和道德多元论的角度来看，不可能有任何一系列的道德责任，可以普世地被应用到所有的历史情况当中，因此也就没有任何的道德责任理论具有客观上的准确性。这种观点被他称作"道德责任的元怀疑主义"。道德责任的元怀疑主义是指没有一种道德责任理论是客观正确的。索姆斯在论证元怀疑主义时，首先指出了对于直觉的依赖。在他看来，对某些命题的真伪的自发判断在发展当代道德责任理论中发挥了核心作用。道德责任学说的各个流派都通过直觉的运用来支持他们的观点。索姆斯针对元怀疑论接着说明，在道德责任问题上实际上存在着重大的跨文化和历史分歧。他集中讨论"荣誉文化"和"制度化文化"之间的直觉差异，并在讨论"个人主义"社会和"集体主义"社会之间的直觉差异中继续进行这一类讨论。索姆斯从人类学、心理学、社会学，甚至是古典文献中的证据出发，讨论了历史上和当代的各种精彩的例子，其中包括当代华盛顿特区、黑山、阿尔巴尼亚、贝都因人和因纽特人的文化、古希腊、中世纪的冰岛和十九世纪的科西嘉岛等地的文化。他将荣誉文化描述为：陌生人之间缺乏重要的合作，几乎没有国家的保护，资源匮乏，人们通常会被企图偷窃他们的财产。相比之下，制度化的文化，其经济形态经常要求陌生人之间的匿名、合作性的互动，国家对行为规范的显见维持，资源较多，偷窃的企图相对较少。他结合这些观察，认为荣誉文化的社会结构所产生的责任规范与制度化文化中的责任规范非常不同。索姆斯认为，制度化文化和荣誉文化之间的差异导致了对道德责任的不同理解。制度化文化中的理论家们支持西方哲学中关于道德责任的论述，他们大多认为承担道德责任要求一个人对他所要承担的责任进行有效的控制，这一点是理所当然，显而易见的。他们还认为，要对某一行为负有道德的责任，就必须是一个人有意实施这一行为，或者至少是疏忽导致这一行为的发生。而西方的道德责任理论家通常不同意将道德责任归于被控制被操纵的人。令人震惊的是，索姆斯提出的证据表明西方关于道德责任归属的标准在具体的荣誉文化中都是缺席的。例如，在一些荣誉文化中，杀死凶手的家庭、团体或氏族的任何成员都是对谋杀的合理惩罚。因此，人们要为没有实施谋杀的人承担道德责任。在另一些国家，被强奸的妇女被杀，因为妇女要为她们无法控制的结果负责。而在希腊的戏剧中，阿伽门农要为他在被神灵所迫、被神灵操纵时做出的选择负责。所有这些做法似乎都涉及了道德责任的归属，以违反制度化文化成员认为正确的道德责任归属的方式要求人们承担道德责任。

索姆斯认为普遍主义者不能够解释道德责任的直觉中存在的巨大文化差异。普遍主义者很可能接受索姆斯谈到的差异，但却坚持说，这种差异的存在是因为某些有问题有偏见的文化权威为了维护自己的利益而采取行动，造成的影响。也许不受影响的合格的判断者会有共同的直觉。因此，普遍主义者可以认为，关于道德责任的直觉的差异可能会像类似于天文学、进化论，甚至逻辑规则的分歧。这些分歧仅仅是观点的差异，并不意味着我们要对这些论述持怀疑主义态度。

索姆斯对这一论点作出了回应，对普遍主义者提出了两个阶段的挑战。普遍主义者的立场有这样一种假设，他们认为一旦人们在非道德事实上达成一致，概念上的混乱被消除，人类在任何社会环境中都至少会就道德责任的分配标准达成某种共识。索姆斯指出，他所推测的许多责任归属规范都曾遭受过内部的争论和批评。普遍主义者需要做的不仅仅是假设进一步的反思会改变思想。普遍主义者必须说出什么理由会导致人们的思想发生改变，而不是简单地假设一定有这样的理由。

索姆斯在二阶回应中指出，心理学的实证研究表明，责任规范将不可避免地随着社会结构的某些变异而变化。如果这是正确的，那么我们就不能指望来自不同文化的完全理性的人在道德责任的判断上趋于一致。索姆斯认为，人类拥有一种共同的心理结构，这种心理结构使得价值很容易通过社会影响被内化。不同的社会影响来自于不同的社会环境，因此，不出意外的话道德责任归属的规范会随着环境的差异而变化。索姆斯指出，这种变化不仅是对变化的根深蒂固的反对，而且还是对环境差异的理性反应。因此，诉诸理性的、不偏不倚的人会如何讨论责任，对普遍主义者来说是没有好处的，来自不同环境的、理性的、不偏不倚的人对适当的责任归属规范应该有非常不同的看法。

追随这些哲学家的推理路径，我需要对集体行动当中的责任概念提出修正。在我看来，集体是否需要在一个行动当中担负起相关的责任，其最核心的问题，并不是这个集体是否有一个核心的行动者，或者这个行动者在行动时是否受到外界的强制或干预，也不是在这个集体主体当中每个人是否分享了这个集体主体的意向和信念等等这一类的问题。在我看来，对于集体行动责任的一个核心特征在于这个行动是否显示或者表达了这个集体行动相关参与者的共同理解、判断和价值。如果我们这样来重新理解集体行动当中的责任观念，那些责任判断必须要考虑到各种有关于个人层面事实之外的因素。各种个人主义的路径没有注意到这些重要的、非个体性的决定因素，因而没有办法有效地处理集体责任，规避这一类的问题。总是会有一些集体行动导致的集体伤害没有办法找到恰当的归属，因为个人主义者仅仅用责任的个人主义原则来理解集体责任这样一个问题。在第三章中，我着重讨论了三个这样的无法完整转型的集体责任案例。在所有这些例子中，我们都可以看到个体责任和集体责任之间的清晰对立，因而使得后者没有办法通过个体原则被有效地转化成前者。

第二节　对于集体行动和责任的多元理解

根据之前所做的修改性尝试，我认为，要在一个集体责任当中解决责任归属的问题，我们必须要考虑到这个行动在集体语境中所具有的多元角度。在我解释考察集体责任的多元视角之前，我希望指出的是，对于一个行为的层次多元化视角，并不仅仅出现在集体行动的领域。在行动哲学著名的文献《论意向》[①] 一书中，伊丽莎白·安斯康姆（G. E. M Anscombe）提出了关于意向这个行为的一些看法，这些看法在该书出版半个世纪后，依然在影响着当代行动哲学中对于意向的思考。在安斯康姆看来，传统的对于意向的理解，往往认为意向是所有引起一个行为的思维因素当中颇为独特的原因。人们往往认为当一个人有意地去做一件事时，至少包括两个因素。第一是行为本身，也就是可以被他人所观察到的部分。第二是内在意向，这一部分不可被他人所观察到，但是却可以被行为者本人得知。而意向不同于其他的思维内容，比如欲望冲动情感等等，意向在引起一个行动者的行为上起着一个独特的作用，而这样一种思维的能力，是众多关于人类行为的核心观念的基础，譬如自由和责任。

安斯康姆拒绝这样一个观点，在她看来，一个有意的活动，和其他所有发生的事一样，它们之间并不存在的一个独特的性质将它们区分开来。换句话说，我们要去考察一个行为是否是有意的，其核心不在于去考察行动者是否实现了某一个具体的特殊的思维能力，而是其他的有关因素。同样的在安斯康姆看来，一个行为是否是有意的行为在于它是否可以某种形式被描述成一个有意的行为。根据这种观点，"有意的"这个词指称的是一种特殊

---

① Anscombe, Gertrude Elizabeth Margaret, *Intention*, Harvard University Press, 2000.

的描述方式，而不是行为的某一个实在特征。当我们将一个行动形容成有意的行动时，这意味着我们可以去问究竟是什么让这样的行为发生了，同时我们可以期待一个超越于引起原因之外的解释，可以从行为主体那里得到一个对于行为理由的描述。

因此，当我们把一个行为描述成"有意行为"的时候，这样一个描述指出了，我们对于自己的所作所为具有一种特殊的认识。当你看到自己拿起一个水杯，你就可以知道你正要喝水。换句话来说，意向性在安斯康姆看来，其实给出了一种关于我们实践知识的认识。对于一个行动产生意向背后意指的是行动主体了解了行动的理由。在书中，她讨论了对于一个行为不同层次的描述。比如说我可以有意举起我的手，与此同时，我也是有意的拦下了一辆出租车，而这个同时我也引起了一次交通事故，而这一个行为的生物基础，是我激发了身体当中一些肌肉的运动。对于同一个在物理事件以上发生的事情，其中有一些对于行为的描述，是我有意引起的，比如说举手和召唤出租车；而同时有一些并不是通过我的意志引起的，比如说我的左手的肌肉运动和交通事故的发生。因此，在安斯康姆看来，同一个行为的发生，当我们说它的发生是有意的，其实是找一个更为重要的特征，也就是对于这个行为的某一些层次的描述，可以通过行动者的行动理由来做有意义的解释。换句话来说，一个行为只有在某一些理解中是有意义的，或者说是有意而为的。

在这种理解行为的思路启发之下，我认为，我们考虑集体行动时，我们同样要考虑在集体语境当中来理解一个行动的多个层次和多元描述。正如安斯康姆说的，有一些行为在有一些表述当中就是没有意义的，而有一些表述之下，在同样的集体的语境中，这些行为以及背后的原因和理由，就是一个有意义的，具有道德属性，需要负责任的行为。在还原个人主义看来，对于一个行为的描述，仅仅是一种描述，但是这种描述对于集体责任来说并不相关。譬如，出于自愿用枪击毙一个人可以是一次谋杀，或者是一次自卫行为，更有可能是执行一个军令。对于这样一个行为的合理理解取决于这个行为的语境，执行这个行为人的角色，以及是谁在看待这个行为。还原个人主义对于一个行为的描述很难在不同的层面和视角当中做出区分，因而也无法给出恰当的责任类型和责任程度。我们要研究集体责任的时候，这些行动要么有一个集体行动者在执行，要么是众人出于一个共同的目标执行，或者它只是发生在一个集体的语境当中。在这个时候，有更多语境中和关系中的因素发生了各种作用，因此对于一个集体行动的描述将变得更加困难。而对这个集体行动的责任，也将变得具有争议、不确定、多元以及多变。一个集体，或者一个集体中的个人是否需要负责，以及他所担负的责任，究竟是什么，一定是被这个行为的多种描述和评价之间的相互作用所决定的。

一个完善的、合理合法的关于集体行动具体责任的理论，都必须包容一种多元的视角。对于这个多元视角做一个完整、清晰、确切的描述，恐怕在本书的能力范围之外。然而，在我看来，要拥有这样一个多元性的视角，一个集体责任的理论必须要有以下两大特征：语境敏感性和对象针对性。

一 语境敏感性

所谓的语境敏感性，在我看来，是在对一个行动及其相关责任的描述当中必须纳入环境的因素考虑，比如这个行为发生的社会规则，在给定环境当中的普遍行为，以及为人们所接受的规范等等。在更宽泛的意义上，我们可以说，一个集体行为的描述中必须隐含着这个集体对于该行为发生环境的普遍认识，使得人们能够在一起做一些被认定为是集体行为的事。对发生的物理事件往往有着不同的含义和解读，虽然在这个集体行为和另外一个集体行为当中，身体移动和行为举止都是等同的。因此要决定究竟一个集体行动是什么，我们必须要纳入相当程度的语境敏感性。

例如，在葬礼上发表纪念演讲时开玩笑说可以被认为是冒犯性的，或是一种黑色幽默，因而要么应该受到指责，要么可以接受，这取决于当地的文化和社会规范。在葬礼上开玩笑可以被认为是公开表达对死亡的一种无畏态度，并且在这种语境下让人认可。它也可能被认为是不尊重，或者是冒犯性的，因而在语境中不为人接受。在后一种情况下，行为者有责任道歉，或者至少对他的行为作出一些解释，即使他的意图本身没有恶意。

从个人主义的角度来看，在道德上讲行动者所采取的行动的目的是都是为了减轻他人的内心的哀痛，这几乎没有什么不同。然而，当"葬礼"的语境被纳入进考虑时，它规定了在行为者发表这样的公开演讲时，他具有在个人意图之外的额外责任，其中可能包括一个人在不谨慎时需要表现出某种抱歉的姿态。如果不在集体语境下考虑个人责任，人们就很难有效地以道德上受人认可的方式进行自我约束。

二 对象针对性

责任认定需要依赖于对象的观点来自于库茨的《同谋》一书。在书中，库茨认为"行为者与他人的关系……确实会影响我们判断行为是不是合法的，或者是不是错误的。"[1] 行为者对其行为所应该担负的责任取决于"当事人之间的先前道德和社会关系，以及行为对象的具体观点"。换句话说，他人对行为的回应赋予了责任概念那些独特的、具体的形式和内容。

根据他的想法，对集体行动的理解和评估以及相关责任的确

---

[1] Christopher Kutz, *Complicity: Ethics and Law for a Collective Age*, Cambridge University Press 2007. p. 19.

定，因人而异，部分取决于责任对象的想法。正如库茨所说，它的本质从根本上讲是关系型的。

库茨在他的书中使用了一个例子来证明这一点，我在这里简要介绍一下。在书中，库茨让我们想象自己在邻居家的派对上跳舞时不小心打破了他的花瓶。针对不同的对象，我所承担的责任是有多个面向的。我的邻居有理由不满于我的粗心大意，并要求道歉；其他嘉宾可能期望我公开表示忏悔，因为我的肆意行为扰乱了他们愉快的夜晚，但是他们不能像我的邻居那样，在极其个人的层面上感到委屈。同时，也许在客人中间，那个将花瓶送给我邻居的朋友的反应与其他客人也有所不同。

这个案例想要说明，"一个人要为什么负责"与"一个人对谁负责"之间密切相关。由于他的行为，行为者十分可能收到来自不同人的多种不同反应，而责任的内容部分取决于行为者与其他对象之间的既存关系。行为者所扮演的特殊角色以及他在群体中所扮演的角色是决定其责任的主要因素。责任的概念反映了他人和行为者自己在人际交往中可以合理地期待的内容。鉴于不同的对象与行为者的关系不同，责任的关系所揭示并表达的二者对于他们关系本质的相互期许和理解。

最近，越来越多的哲学家开始质疑普遍传统的观点，不再坚持选择或自愿控制是道德责任的先决条件，并认为在确定一个人的责任时，重要的是行动是否可被看作表达了行为者的判断、价值观，或规范性承诺。我想进一步延伸这个观点，指出集体行动的责任所表达的参与者之间的共同理解，判断和价值观。在下一节中，我将进一步阐述集体责任的这种说法。

第三节　集体责任的功能

如果上述内容是正确的，那么对集体责任的充分说明和塑造行动的语境以及个人关系因素之间颇有关联，只有注意到这一点，我们才能够更好地描述集体行动，然后必须相应地给出责任归属。过于简单化的个人主义方法经常忽视了这些因素，经过修正的责任观认可了这些因素的存在，并给予他们规范意义，其中包括个人作为集体成员的所作所为，行为如何在特定背景下被理解，个人与个人有什么关系，他们可以成为何种集体，等等。如果这种语境和关系责任观是正确的，那么"集体是否与人有相同的道德地位？"的问题与我们最初想象中的样子大为不同。现在的主要任务是找到一个对集体责任的说明，这种说明可以反映集体行动中所有受影响的各方之间的关系。在集体语境下，一个充分的、运作良好的、有效的责任制度将向每个人传达他们成为责任承担者所必需的知识和信息，在道德共同体中反映这些人际关系，并激励个人承认集体责任和作出妥善回应。此外，它将使个人能够参与集体观点，并形成新的集体认同，对集体责任的考虑"给参与者带来了考虑的主题，迫使他们思考他们与集体结构的关系的重要性，并在这种理解的基础上行事"。一个既定的集体责任制能够指引个人仔细考察他既有的想法，去审视他所处的道德群体中的关系，并在考虑他人的前提下规范他的行为。这种集体责任概念可以为个人在复杂的群体互动和社会生活网络中为自己的行为提供指导。

根据这种观点，为了成为称职的责任承担者，我们需要接受的是，有时我们的的确确做错事，即使当时我们不打算伤害任何人，当时我们对事态没有什么控制，因为我们的行为超出了我们的意图，而且它们的影响可能与我们既不知道也不关心的其他行动者造成的破坏性影响重叠，我们总是已经与其他人同谋，并承担了我们可能无法想象的责任。正如库茨所提到的那样，"无论我们是否受到其他人的因果影响，或者我们是否能够对他们做出判断，我们几乎总是在评估他人对待我们的态度"①。做一名称职的责任承担者意味着个人行为者仅仅具有能够做出自愿决定的能力是不够的。首先，集体语境下的责任人需要了解他在集体中的地位以及他在集体行动中的作用。他需要能够认真对待其他群体成员的观点，并且能够感知他人对自己所处位置的期望。此外，他需要能够根据他对行动及其语境的理解来考虑自己的行动并履行自己的职责。因此，他应该能够根据对象的情绪和行动做出适当的反应。最后，他需要在某种程度上忠于他参与的集体行动，并且在新的语境因素出现时，愿意重新评估他的参与和责任。

这种集体责任观在很大程度上与当代道德责任理论相呼应。如前所述，彼得·斯特劳森（Peter Strawson）对责任的理解和这种集体责任的理念十分相近，根据这一说法，责任归属揭示了我们的情感和我们对彼此的行为模式。我们的反应表现了我们对彼此的积极或消极的反应态度，例如怨恨和感激。如果我们发现别人的精神障碍或妄想引起了他的有害行为，我们会改变反应态度。我们表达的反应性态度，解释了我们的责任归属，责任并不仅仅由行动者的意志来解释，更多的与我们与他者的关系有关。斯特劳森的说法在解释集体责任方面尤其有效。根据斯特劳森的观点，责任的接纳和归属发生在道德社会中那些彼此互动的道德行为者之间，而不是社会孤立的个体。通过将责任分配给自己或他人，个人表达了他如何判断哪些道德和社会规范应该得到群体的认同。

基于这种方法，人们可以合理地假设在群体中进行适当和有效的责任归属，某些条件是必要的。首先，在群体中有一个关于责任的道德和社会规范的基本框架，这可能是所有群体成员都同

① Christopher Kutz, *Complicity: Ethics and Law for a Collective Age*, Cambridge University Press 2007. p. 26.

意的。群体互动和政治机构的安排有助于群体成员学习并讨论那些支持该框架的基本信念和价值观。此外，群体成员必须将责任归因原则应用于特定事件和行动。作为一个群体，他们需要收集信息，获得理解，并对谁负责任和什么做出判断。最后，群体成员需要培养他们参与分配责任的能力。一个称职的责任归属者需要学会从整个群体的角度出发，与其他成员进行有效沟通，并对这些成员的判断和决策保持开放和适应性。这些结论促使我们可以去考虑，集体责任远远超出了一个道德问题的范围，它的解决需要一整个先在的实践框架。

第四节　集体责任作为一个实践问题

如上所述，集体行动的责任不能仅仅通过调查一个人的事实来确定。我们的责任归属实践不仅由个体行为者的意愿或行为来解释，也由我们与他们关系的性质来解释。对行动者所做的事情的理解本身是由我们的社会背景和关系给出的，任何责任的概念本身都必须从背景和关系上来解释。做出规范性判断和赋予集体责任的做法既依赖于一个统一的、动态的社会生活体系，也有助于这一体系。没有社会互动和群体决策，就无法建立集体责任制度，因此，集体责任的归属成为所涉群体维护的公共项目。

理解集体行动和确定相关责任是一个持续的过程，其中应不断考虑新的背景细节和受访者的观点，塑造和重塑结果。集体行动通常发生在复杂的环境中，参与者的数量各不相同，并以不同的、有时不可预测的方式影响许多人。因此，确定特定个人参与集体行动的责任需要一个有效的确定机制，该机制可以包括有关行动的充分背景和关系因素，并整合关于责任归属的不同观点。这就是为什么我认为集体责任的这种观点能够而且应该指导我们的社会和公共实践。

正如我将在下一章详细讨论的那样，不同的群体决策机制产生了集体行动和责任的不同面貌。我将认为，那些培养良好的集体责任归属制度的集体决策机制在规范上比那些没有这样做的机制更有道理。换句话说，根据集体组织结构和组织其行动和决定的不同方式，它们在建立有效的责任归属制度方面具有不同的能力，因此，在维持社会关系和促进集体公益方面也具有不同的能力。集体决策机构越有效地培养其功能良好的责任分配制度，就越合乎规范。

这使得集体责任问题成为一个公共实践项目，这要求我们的道德、社会和法律责任机构在集体责任的基础上组织起来，以便稳定和促进我们关切和感兴趣的社区，要求我们建立一个集体责任的良好说法，激励社会、政治和法律机构对这一关切做出回应和反应。

鉴于一个群体需要一个运作良好的责任配置系统，产生集体行动和责任的决策机制必须履行具体职能。

第一，群体决策不应由孤立的参与者做出。关于集体行动和责任的集体决策必须在参与者相互交谈并就共同关心的问题交换信息的情况下做出。这使得集体决策不仅仅是个人偏好和判断的集合，而是由丰富的背景、多样的视角和动态的群体理性所产生的决策。在最后一章中，我将通过比较作为群体决策机制的聚集和商议类型来进一步阐述这一点。

第二，这种决策机制应当通过沟通和互动，使参与者共同公开分享他们对责任的理解，从而将参与者培养成胜任的责任归属者和承担者。个人之间的交流和互动揭示了他们的共同期望、他们之间的关系和立场，以及他们作为集体参与者的相互依赖性。

第三，这一机制需要在个体参与者参与集体行动时将他们转变为集体成员。它应该能够邀请个人去获得作为集体成员的新身份，并采纳他们原本不会想到的偏好和观点。

　　建立关于集体责任的道德话语的项目在个人层面也有一个实际目标。随着集体责任的建立，人们可能会把集体责任看作是对他的实践和伦理推理的投入。集体责任的考虑给参与者带来进一步需要判断的问题，迫使他们思考他们与集体结构的关系的重要性，并在这一理解的基础上采取行动。这有助于个人更好地考虑集体行动中的个人部分，更好地认识到自己的相关责任，并为此做好准备。由于集体责任很容易通过援引个人主义的责任原则而被忽视，因此不会直接影响个人的实际推理，理想的集体决策机制应该设法明确考虑个人的集体责任，帮助他们将集体责任纳入关于如何开展道德和社会生活的实际审议，从而减少责任侵犯。

　　在下一章中，我将讨论集体决策的一些典型范例，在分析和讨论的基础上提出集体协商机制比偏好累积机制更受青睐，因为后者更有能力履行上述职能，培养一个运作良好的集体责任制。

第六章 集体责任与公共决策

通过之前章节的介绍，读者们不难看到，对于集体责任的讨论不会也不能仅仅停留在哲学理论和概念分析的层面。"集体责任"之所以是一个引人注目的研究主题，不只在于其理论层面的精妙和复杂，更多的研究兴趣来自于这个概念对于人类生活方方面面的直接影响。

我们已经看到，集体行动可以采取不同的形式和结构：在一些集体行动中，成员分享集体意图，共同计划和参与其中，而在其他情况下，人们以松散的方式集体行动，而不必分享集体目标或在严格意义上积极参与。取决于集体行动的不同过程和结构，一些行动方式使参与者能够比其他方式更有效地承担集体责任。换句话说，也就是承担集体责任是不同群体拥有的能力，这取决于这个集体结构和组织规范。同时，因为特定的群体结构和集体决策程序，参与成员的集体责任能力各不相同。如果一个集体的结构和决策程序可以向其成员揭示和责任相关的背景信息，能够促进群体成员共同讨论他们之间的责任，并且培养集体认同，加强成员承担责任的意愿和能力，那么一个符合这些条件的、良好整合的集体将能够更好地确保成员在承担责任方面实现改善。

本章将公共决策实践作为集体行动的范例，最终本章希望得出的结论是，公共决策实践的群体协商模式优于多数累计模式，因为前者能够更有效地处理集体责任问题。我将分四个部分提出我的论点：第一，我将讨论多数累计的集体决策模型，并提供规范意义上的分析和批判；第二，我将介绍累计型集体决策模式行为在心理学上的经验证据；第三，我会讨论协商型集体决策模式以及它相对于累计型模式的优势；第四，我将分析对我的结论可能存在反对意见和挑战，并尝试加以回应。

需要指出的是，在这一章中所指的公共决策行为可以做一个十分宽泛的理解，它指的是一群人在一种特定的状态下达成集体的决定，这里的特定状态可以进一步地被细化，例如强调决策群体成员之间的平等关系，或者集体成员的理性能力和自由自主程度等等。取决于我们强调的这种状态的某一个方面，对于最后的集体决策也会有不同的评估。另外，取决于工具化的决策程序最后达成的结果究竟具有哪一种特质，也会对决策结果产生不同的判断。

第一节　多数累计的公共决策模式

公共决策工具最典型的形态之一是投票决策，这是一种人们最耳熟能详的形式。一个群体通过一人一票的方式表达每个人的偏好、想法或决策，把单个的选票通过某种方式集合总结起来就构成了这个群体最后的决定，而问题往往也就在这中间产生了。通过多数票数累计综合起来的结果偏好是否就是这个集体的决定？在公共决策程序启动前的原初状态里，成员保持的偏好、判断和意见是否能够有效地反映到这个程序的结果里？这些都是公共决策研究的难题，同时也推动着人们对于集体政治行为的不断反思。一个有效的群体决策过程如何设计和执行，才能够把程序开始前群体当中多数成员的偏好、判断和意见准确地在程序结束后的结果中反映出来，才能够最大限度地提升群体成员的利益，同时为群体的进一步延续和发展奠定基础？

大多数的公共决策理论学家都认为最佳的决策最好在一个理想型的环境中进行。在构建这个理想型的环境时，公共选择和公共决策理论学家们往往会强调以下的几个条件：

1. 成员之间的独立自主：这一个条件被通俗地认为是公共决策当中的自由条件，也就是说每一个参与集体决策的成员本身必须是一个能够在决策过程当中给出自己独立意见和观点的个体，成员不能受到其他外力的影响、威胁甚至是信息上的压制和误导。只有在这样的情况下每一个成员的参与和投票才具有其独特的单一的价值，才算得上是合理的、有资格的、具有合法性的个体参与。

2. 成员之间的平等关系：这一个条件指的是每一张成员选票在最后的集体意见当中将占据同样比例的权重，没有一个成员的投票比重应该超过另外一个成员。这个条件同样也指每一个群体当中的成员都具有参与具体决策的权利，不能够因为他们的身份地位不同而在决策参与的资格上有所不同。

3. 成员的理性预设：相比较之前的两个条件，理性预设更加复杂。公共决策理论家们对于什么样的成员才算是理性的成员，或者在什么情况下做出的决定才是理性的决定，以及决定必须要符合什么样的标准才能算得上是理性的，都有充分的和多样的阐述。其中有一些条件人们耳熟能详，比如互不冲突条件，即当选民甲希望得到 A，而选择 C 一定不能得到 A，那么一个理性的选民必然不会选择 C；还有互通性条件，即当一个人在 A 和 B 之间更希望得到 A，在 B 和 C 之间更希望得到 B，那么在 AC 和之间必然会选择 A。从上面的例子我们可以看到，集体决策当中个人参与者的理性选择条件被保持在一个最小化、因此也比较现实的预设范围之内。

如果成员参与群体决策的理想型条件都或多或少地在一定程度上得到满足，那么我们认为，一个成功而有效的集体决策方法需要能够在这样的条件下，给出一个决策方法，这个决策方法能够有效吸纳成员初始的意见和看法，同时给出维系他们的价值取向，而且不违背理性原则的集体决策结果。现在的问题是，多数决议的程序是否能够做到这一点？

这个问题的答案远比我们想象的要复杂。我们来做一个最直观的解释。假设一个大学正在决定课程设计改革的措施。参与决策的有学生、教务人员、教师人员，还有教育学院管理专业的专家。在严格遵守自由、平等和理性的条件下，我们用一人一票的方式来选择推进课程质量应该采取什么样的措施。公共决策程序可以简单有效地满足上面提到的三个理想型条件，不计地位和身份的差别，每个大学群体中的个体都获得一张选票，最后根据选票的多数结果来做出最后的决策。在这种条件下，因为校园里人口的分布特色，最有可能成为群体决策结果的会是让大多数群体，也就是最受学生群体欢迎的措施，但很有可能不是能够提升大学课程质量的措施，因为对于大学课程设计而言，这个多数群体可能是极具偏向性同时不具备全面信息和经验的群体。换句话说，在公共决策程序启动前的初始状态，决策个体之间自由平等理性条件非常可能没有机会成功地把初始状态中的自主、平等和理性条件转换到决策结果中去。在之前的例子里，对于每个个人意见的平等采纳最后有可能导致群体决策结果中对于理性原则的违背。更糟糕的是，这种决策方式的失效（malfunctioning）不但不是单个个案的特殊问题，相反地，多数决策的程序存在着根本上的失效原因，或者说，根据一些公共选择理论的分析，多数决策的程序即使满足了之前提到的所有理想型条件，也不可能是一个合理正确的群体决策方式。

公共选择理论家一致认为，个人偏好的简单累计不能准确地转化为集体决策。投票累计的实际连贯性和规范性含义常常受到质疑。这里的批评主要来自三个方向。第一个批评针对的是累计模型的实际连贯性。有些学者认为，没有可行的规则能够将个人偏好、判断和意见汇总到公共选择中。诺贝尔经济学奖得主肯尼斯·阿罗（Kenneth Arrow）的不可能性定理被认为是这一挑战的有力证明。其次，批评者认为即使发现可行的累计规则，累计出来的集体决策也不会对个体参与者产生任何动机影响，因此面临严重的实施障碍。而最重要的第三点是，投票累计从根本上无法实现集体选择理想目的。集体选择的目的不仅仅是确保满足个人偏好，而且更重要的是促进个体发展、形成良好的理性偏好，以进一步推进更好的、更加有效的集体选择。接下来，我将详细讨论这三类批评，来说明为什么投票累计型模型不能为集体决策提供规范性指导。

一　有效累计规则的缺席

这种对公共决策根本性原则性的批评中有最为人所熟知的孔多塞悖论。十八世纪的数学家马奎斯·孔多塞（Marquis de Condorcet）指出有些情况下，一个群体中的单个成员的偏好不是循环往复的，而这会导致这个群体的偏好产生循环。这就是孔多塞悖论对于多数投票决策的最大批评，即多数偏好会彼此冲突。这个悖论简单的例子是这样的。假设甲乙丙三人，面对 ABC 三个备选方案，有如下偏好优先秩序：

甲的偏好排序是 A > B > C

乙的偏好排序是 B > C > A

丙的偏好排序是 C > A > B

由于甲乙都认为 B 好于 C，根据少数服从多数原则，这个三人群体也应认为 B 好于 C；同样乙丙都认为 C 好于 A，该群体也应认为 C 好于 A。所以群体认为 B 好于 A。但是，甲丙都认为 A 好于 B，所以出现矛盾。这会产生循环的结果，这就好像一只狗在追自己的尾巴，会没完没了地循环下去。结果，在这些选择方案中，没有一个能够获得多数票而通过。同时，一个最基本的选择理性原则受到了孔多塞悖论的挑战。一般我们认为，一个选项是否在一个决策程序中胜出，和最终不会胜出的候选选项有多少没有关系。但是，孔多塞悖论恰恰显示了，那些即便最终不胜出的选项的数量多少恰恰影响了最终哪个选项胜出。后世有很多数学家和公共选择理论学者对孔多塞悖论做了更多的探讨和研究，在试图解决这个悖论的过程中出现了很多对于投票制度的改良，比如一些学者指出了两阶段选举可以尽量减轻这个悖论带来的麻烦，但是依然没有办法从根本上解决这个情况下最终胜出选项的随意性。

除了孔多塞悖论之外，另一个在近年受到哲学家关注的就是之前几章讨论过的协商困境（discursive dilemma）。早在 1920 年意大利的律师 Roberto Vacca 在他的著作当中首次明确提出了这一种悖论现象，当代社会选择理论对于这个悖论的关注最先在司法实践当中出现，尤其是陪审团的审议制度。大约在 10 年前耶鲁的政治哲学家 Philip Pettit 和伦敦政治经济学院的社会选择理论家 Christian list 就这一个悖论在公共选择理论当中进行了系统性的探讨，在现今的公共决策研究文献当中这一个悖论统一被称为"协商困境"。针对这个现象在前一章中我们已经略有讨论，在这里我们再次仔细地用"公共选择理性"的角度来剖析这个现象。

我们同样假设一个三人群体，他们要对两个事件的发生以及它们之间的关联做些判断，这里的判断包括"事件 a 是否已经发生"，"事件 a 发生是否导致 b 发生"，以及"事件 b 是否会发生"。举个例子，比如这三个判断分别是"研制出的病毒疫苗是否有效"，"有效疫苗的研制是否会让病毒的致死率下降"，以及"病毒的致死率是否会下降"。小明、小强和小红针对这三个状况分别作出了以下判断：

	研制出的病毒疫苗是否有效	有效的疫苗是否会让病毒的致死率下降	病毒的致死率是否下降
小明	是	是	是
小强	是	不是	不是
小红	不是	是	不是
群体大多数	是	是	不是

我们可以看出，在这个例子当中，每一个个体成员的判断都符合一定的理性要求，在三个判断之间的关系是合理的。比如小明认为"事件 a 会发生"，同时认为"事件 a 会导致事件 b 的发生"，因而也就认为"事件 b 会发生"。而小红认为"事件 a 没有发生"，同时认为"事件 a 会导致事件 b"，因此也就认为"事件 b 不会发生"。现在综合三个人对于每一个判断的想法，从而得到集体大多数的说法，就会发现集体层面在三个判断之间的想法呈现的关系是不合理的，或者说是违背了理性要求的，因为此时集体大多数人会认为"事件 a 发生了"，同时认为"事件 a 发生会导致事件 b 发生"，然而却不认为"事件 b 会发生"。如果我们把这里的集体认为是一个理性决策者，那么他的决定并没有符合最基本的理性要求，或者说并不能像集体单个成员的决策那样符合基本理性要求。

一个集体决定的形成在个体层面可以符合理性要求，但是在集体层面却无法符合同样的要求，这个现象就被佩蒂特称为"协商困境"。佩蒂特以及很多当代哲学家都认为，这种现象确切地说明了一个问题，那就是在面对同样的事实，同样的考虑，使用同样的推理规则时，集体的理性决定和个体的理性决定之间可能存在绝对的脱节。换言之，面对同样的事实考虑和理性规则，个体的理性决定不能转化为集体的理性选择，也不能替代集体的理性选择，在这个意义上，个体层面的决定和集体层面的决定之间并不存在根本性关联。

对于投票制度的最大挑战之一，是阿罗不可能定理。根据累计投票制度，我们通常会认为一个有效的公共决策工具，要合理地把个人偏好通过多数票规则转换为社会偏好。但是通过各种选择理论的数学建模，肯尼斯·阿罗发现，这样的公共决策机制不可能存在[①]。举例说明，一群人举办一个投票，这个投票问卷里只有一个问题，包含若干个选项，投票者根据自己的偏好给这几个选项排序。理想的结果应该满足以下几个条件：

1. 一致性（unanimity）条件，也称为"帕累托效率"（Pareto efficiency）。即如果所有的个体决策者都认为选择 a 优于 b，那么在投票结果中，a 也优于 b。

2. 非独裁（non-dictatorship）条件，要求不存在一个单个的决策者 X，使得投票结果总是等同于他自己的排序。

3. 独立于无关选项（independence of irrelevant alternatives）条件，指的是如果现在一些成员改了主意，但是在每个成员的偏好排序中，a 和 b 的相对位置不变，那么在投票结果中 a 和 b 的相对位置也不变。

阿罗研究的结论是，如果有两个或以上的人参加投票，并且有 3 个或以上的选项，那么以上的这些条件不可能同时满足。换句话说，不可能存在任何一种社会选择机制，使个人偏好通过多数票规则转换为社会偏好。"把个人偏好集合为社会偏好的最理想的方法，要么是强加的，要么是独裁的。"我们不能确定个人偏好的总体结果就能被看作是一个集体行动的理性选择。即使有一个社会，有良好运作的规则和信任规范，个人偏好得到真诚表达和有效采纳，一个公共决策程序仍然无法提供连贯的"公共意

[①] K. J. Arrow, *Social Choice and Individual Values*, vol. 12, Yale university press, 1970.

愿"，也无法为集体行动奠定坚实基础。

以上三个例子，孔多塞悖论、协商困境和阿罗不可能定律都向我们表明了，多数累计模式的公共决策模型在形式理性上就缺乏有效的累计规则，以至于累计的结果缺乏合理性和合法性，无法和它需要反映的个人偏好和选择产生有效关联。

二 动机影响的缺乏

多数累计模式面临的第二个挑战是公共决策缺乏激励效应。假设我们暂时能够克服累计规则缺乏的问题，想办法发现一组用于累计个体偏好的规则，这些规则能够产生根据各种理性标准都算得上是连贯的集体决策。现在我们需要面对的新问题是，公共决策不能激励个人采取相应的行动，因为这些决定不能直接适应现有的个人偏好。这个问题一直也被认为是集体行动的主要问题，被学者们以各种形式详细记载和阐发，经常在政治科学和经济学的学术文献中被讨论为"搭便车"问题（帕累托，1935）、"公地悲剧"（哈丁，1968）以及"公共利益理论"（萨缪尔森，1954）。在奥尔森1965年出版的书中，他解释了为什么反映集体理性的公共决策不能激励个人成员采取相应的行动。通过"囚徒困境"的模型，奥尔森表明，即使政策反映了集体的利益，采取个人行动来实施公共政策也可能不符合集体中每个人的利益。因此，集体理性和决策所规定的社会行动很可能受到个人的私人利益扭曲和阻碍，特别是那些将负责执行这个决策的个人的歪曲和阻碍。鉴于缺乏总体规则和缺乏激励效应，社会选择理论家得出结论，认为仅从个人偏好的累计转化而来的集体决策并没有发挥太多的规范性力量。

三 无法形成真正的公共性

最后，我们需要看到多数累计模式在实现某些公共决策的目

标方面还存在着系统性的失败。多数累计模型背后的基本理念是
参与公共决策的个人之所以参与进来，"通常（如果不是总是）
想要最大化私人利益。它以权利的形式，保护私人自由和私人财
产免受公共侵害"①。在这里，公共决策被理解成一种类似市场的
机制，可以调节社会中个人之间的互动。决策的目标是确定各种
私人利益，谈判均衡的决策，并成功完成集体行动。在这个图景
当中，个体参与者主要关注的是私人利益而不是公共利益。参与
公共决策的目的是将参与者的利益登记在集体决策中，并通过集
体行动实现这些利益。然而，正如一些公共决策学家，尤其是其
中的政治公共决策型理论家指出的，公共决策的一个主要目标在
于改进集体决策的过程本身。参与公共决策实践的目标不是有效
地满足参与者的利益。相反，目标是赋予参与者更多的能力和素
养，使他们成为集体生活的更好参与者。公共决策实践的累计模
式在很多方面都达不到这些目标。

累计模型将现有的私人利益作为集体决策的起点。决策参与
者应该根据自己已经持有的私人利益来参加集体决策，而不是去
反思他们考虑的应该或可能是什么。公共实践仅限于建立规则和
条例，在这些规则和条例下，人们可以独自一人以他们认为合适
的方式追求自己的私人利益。私人利益的实现就被等同于公众利
益的实现，如果一个决策过程试图改变或重塑这些现有的私人利
益和需要，那么这个决策过程就会被认为是有问题和非法的。

通过累计私人利益而达成的政治决策往往在表现公众意愿方
面遭遇"重要的，不可避免的和内生的"困难。多数累计模型可
以做得最好的事情只是反映现有的大多数个人偏好。在最坏的情
况下，由于缺乏有效的汇总规则，个人参与者的意图与由此产生

①　Cass Sunstein, "The Law of Group Polarization", *Journal of Political Philosophy*, 2002, p. 81.

的集体决策之间可能存在完全脱节。这种集体决策"不足以产生具有规范性约束力的公共结果"。

四 集体责任的缺席

让我们回到本书的主题上，来看一下累计型集体决策对于我们所讨论的问题的意义。在我看来，这里最为重要的问题是，这种公共决策模式无法给出有效的集体责任原则。

首先，在集体决策中，参与者认为集体行动只不过是实现个人意图的工具。正如之前的讨论所表明的那样，根据多数累计规则作出的公共决定不可避免地反映出一些（即使不是大多数）私人利益。通过投票，参与者不能够、也不会想要承认和反映他们作为群体成员的角色的背景和关系。该决定完全是出于对一个人的私人利益的考虑，没有考虑其他必要因素，包括作出公共决定的特定背景，所有可能受影响的各方所持有的合理期望，以及参与者彼此之间的各种关系。但是，这些要素对于确定集体责任是相关和必要的。当谈到集体行动的责任分配时，个人参与者理所当然地忽略了那些不是来自于他们自己的意图和行为的责任。

其次，累计机制无助于为公共团体成员形成新的身份，这意味着参与成员既不会对其决定采取集体观点，也不会承认他们对集体行动的承诺。当公共决策无法满足其个人参与者的利益或未能表现出他们的意图时，集体决议就失去了对其参与者的约束力。因此，对于多数累计模式而言，要激励组织成员的持续参与，而且要让成员对集体行动的后果负责，这是一个很大的困难。

最后，在没有形成集体意愿或建立群体身份的情况下，即使参与者认识到通过多数人累计做出的公共决策的结果，这个结果产生的集体行为也不能提供一个平台来启动或产生进一步的集体决策，以应对具体结果。如果没有可持续的集体认同，一群决策参与者将无法确定其对集体行动的责任，或者有动力采取行动以应对其后果。在这个意义上，投票累计型集体公共决策产生不是真正意义上的集体行动。成员不会把自我看作集体决定结果的贡献者，因此也不会感到需要担负任何相应的责任，因为仅仅是成员个人意见的汇总并不能为集体成员的责任提供额外的规范性资源。公共决策结果只不过是个人意愿和利益的汇合。成员们随时可以准备采用个人主义原则，并为自己不承担公共决策的责任辩解，因为他们既没有想要这种结果，也不可能对这个结果做任何改变。

第二节　公共决策行为的心理学观察

在我们讨论完多数累计模型的不足，进而讨论公共决策制度的最新发展形态之前，我们还需要在接下来一节再看一些心理学和社会学方面对于集体心理的一些相关观察和描述。这些对于相关现象的描述和观察可以帮助我们谨慎严格地在后面的内容中走出单纯的理论概念框架，讨论什么样的公共决策实践方式能够有可能有效地解决这些问题。

一　乌合之众

大多对于群体决策的不信任和质疑态度的讨论总是让人们想起一本著名的早期社会心理学书籍即古斯塔夫·勒庞的《乌合之众》。这本写作于 20 世纪初的社会心理学著作表达了对于群体心理深深的敌意和不信任。通过对于法国历史事件和事件中群体行为的观察，勒庞做出了以下一些印象性的表述。

勒庞认为，许多独立的个人往往会在无序情绪的影响之下获得某种群体属性，促成群体心理。"有时，在某种狂暴的感情——譬如因为国家大事而产生的感情——的影响下，成千上万孤立的个人也会获得一个心理群体的特征。在这种情况下，一个偶然事件就足以使他们闻风而动聚集在一起，从而立刻获得群体行为特有的属性。"而一旦这样的群体属性出现在个人心理层面，它往往会比个人原有的思维具有更大的力量，会抹杀个人思考和行为当中的理性和独立层面，彻底改变个人原有的行为模式。最糟糕的是，这种集体对于个人思维和行为模式的置换并不是简单地用一种思考方式以及出发角度来代替另外一个。在勒庞看来，最大的问题在于集体是具备理性思考能力的。在思考能力上，"群体在智力上总是低于孤立的个人"，而在情感上，"群体表现出来的感情不管是好是坏，其突出的特点就是极为简单而夸张……群体感情的狂暴，又会因责任感的彻底消失而强化"。

勒庞对于这种集体选择能力的质疑和批评在当时还仅限于一个观察阶段，然而在当代的大众心理研究中，行为心理学家对于群体心理能力的批评有了更多的观察和实验条件，对于勒庞注意到的群体狂热现象作出了更加具体和细致的分析，他们认为群体在行动时的羊群心理是各种群体行为的无理性状态的主要原因。如果就像众多的理论家和观察数据证明的那样，当一个群体一起做出群体决定时，因为其心理上的、思考上的、个体理性和情绪上的种种原因，最后的决定总是倾向于多数保守的决策。

二 羊群行为

当代经济行为学家们对于群体决策持有同样的忧虑。传统上的经济学理论在理性选择理论中预设了独立的、原子化的、自利的理性的个人。换句话说，决策者会使用所有已有的信息，同时避免系统性的错误。这些经济学家认为理性是一种个体概念，但是可能并不是整体的，而是局部有限的能力。还有一些经济学家在这个基础上，试图在博弈论的格式中加入各种其他的社会因素，比如在个人利益因素中加入社会资本和社会地位等因素。无论是哪一种情况，这些经济行为学家在研究人类群体决策行为时，会格外关注羊群行为。作为一种社会动物，羊群心理成为一种深深植入人们心中的本能。人们在躯体上喜欢团聚在一起，城市群居生活和原始的部落生活都是这一现象的直接佐证。不仅如此，这种群聚的本能还体现在人们的行为模式上，在经济生活和个人消费上这种群聚的趋势都不断地显现出来。羊群心理对于我们理解群体决策行为十分重要，它的一大重要特征是群体当中的个体在面对不确定性较大的情况时，不根据于自己的信息做决定，而是跟从群体做出选择。举个例子，想象你刚刚来到一个小镇上，对于小镇的一切一无所知。在午饭时间，你走过一条街上的两个相邻的饭店，一个饭店座无虚席而另一个饭店门可罗雀，这时候你会选择去哪个吃饭呢？大多数人都会不假思索地选择大多数选的。对于这样一个貌似理性，同时又往往不假思索就做出的选择，经济行为学家们希望在他们的研究中给出合理的解释。

在传统经济行为学家看来，羊群心理是一种通过数学计算公式计算之后的选择结果，比如贝叶斯理论的应用。这种理解方式忽视了社会心理学因素，对于羊群心理主导下的群体行为给出了一种简单的两分法解释，符合理性就算是理性的，不符合的就是非理性的。但是，其中一些对于人类心理和行为理解更为深刻的经济学家们看到了经济选择背后更多的影响因素。比如，凯恩斯认为，股票市场上的经济不稳定要用心理学和社会学的因素来共同解决，而市场反应的往往更多的是参与者的集体态度和趋势，比如市场整体的乐观和悲观情绪。但是这种通过整体情绪和认知来解释市场行为的做法并不被大多数经济学家所认可。因此，为了获得对于群体决策中羊群行为现象的更全面的理解，我们有必要采取更多元的研究方式和视角，从社会学、行为学、心理学甚至是神经科学等角度来分析这种特殊的人类群体决策现象。

在对羊群心理的研究中，心理学和认知科学的分析尤为重要，它更好地融入个性、心情和情绪的因素，来解释个人在群体中貌似理性但是又往往从众的行为倾向。从这种路径看来，传统贝叶斯理论只不过在有限理性限度中给出了在不确定性条件下信息获取的方式之一。而当代人羊群行为的一大背景来自于表面上的信息不对称，直接与人们的信息习得能力相关。在信息缺失和不确定性的条件下，人们更加相信群体的智慧，是否参与到一个活动中的决定往往出自对风险最大化的规避。

除了信息获取的方式，在社会学家们看来，羊群心理往往缘于一个人对于自己名声的保护。在行为经济学家们看来，从众更多的是一种冲动和欲求，大多数人都会依赖他人的选择来追寻安全感，在占多数的数字本身当中往往带有所需要的那种安全感。比如，当股票投资者在做一项投资决策时，如果他做出了一个不从众的决定而遭受了巨大的损失，那么他的声望将会遭受很大的毁坏；反之，如果他做出了从众的决定而遭受了巨大的损失，他个人的声望破坏反而不大。通过 1990 年对于基金经理的行为的观察，研究者们发现社会影响对于他们的羊群心理显著地起主导作用。基金经理为了说服顾客他们投资的选择是明智的，短期的表现不足以称为好投资人的标志，他们常常需要和同辈人做比较以凸显自己的业绩，因此他们就愿意跟从他人的选择判断，并且忽略自己的独立看法。

羊群心理行为在当代社会心理学实验和观察当中的证据很多①。比如所罗门·阿什（Soloman Ash）集合了 20 个实验对象，让大家一起判断一对线是否是平行的。在一群人中 19 个人都给出错误答案的时候，第 20 个人给出错误答案的几率大大增加。

---

① 研究详见 Baddeley, Michelle, "Herding, Social Influence and Economic Decision - Making: Socio - Psychological and Neuroscientific Analyses", *Philosophical Transactions of the Royal Society B: Biological Sciences* 365 (1538): 281 - 290, 2010. 以及 Raafat, Ramsey M., Nick Chater and Chris Frith, "Herding in Humans." *Trends in Cognitive Sciences* 13 (10): 420 - 428, 2009.

剑桥大学的 Wolff 脑神经研究团队通过模拟市场行为，也给出了同样的结果，同时他们还通过还原脑神经的分析图表观察到，我们的大脑在做出与群体相同的决定时，其奖赏机制就启动了，这个生理性的结果就是让从众的决定令人感到格外的安心。当然，不可忽略的是，这种选择同时还和个体的性格相关：当个体的性格比较趋向于风险规避时，这一类的个体更容易出现从众行为，但是当个体的性格对于风险的后果承担并不敏感，那么从众的程度就会小很多。据我们所知，一个拥有专业知识的专家也不能有效避免这种行为倾向。虽然我们一般都认为专家往往对于自己独立掌握的知识具有更多的信心，因此也就更没有从众的理由和动机。但是，我们往往忘记了专家本人也是群体的成员之一。在一个专业团体之外看似独立和个体化的专家意见，往往是专家在自己的专业团体从众选择之后的结果。比如，当一个生物学家在选择自己未来的科研方向时，他往往参照自己的同行和类似专业背景的人的选择，来决定在什么方向上的研究更有基础或者更有前景。

在经济学家们观察到的"后真理时代"，绝对的知识权威受到挑战，知识的传播不再是层级式的有组织、有结构、有确定性的。相反，信息以一种扁平化和大数量的方式快速地在一个群体当中传播，使得羊群心理更普遍地被人们用来作决策。更多的信息在社交媒体和互联网上传播，使用社交网络和互联网络的人们在参与从众决策的过程中会进一步强化自己的片面的世界观。

三　群体的智慧

与《乌合之众》同样影响大众文化的著作《群体的智慧》（*the wisdom of the crowd*）阐述了与《乌合之众》截然相反的看法[1]。本书的作者詹姆士·斯洛维耶齐（James Surowiecki）在这

---

[1]　James Surowiecki, *The Wisdom of Crowds*, Anchor. 2005. pp. 3 – 23.

本书的开篇提到了达尔文的表亲弗兰西斯·加尔顿（Francis Galton）观察到的一个现象。加尔顿在一次农副商品的市场里看到一个宰牛屠夫为了吸引眼球，和顾客们做了一场猜数游戏。游戏的规则是让顾客们猜测一头牛去掉骨头之后，牛肉的总重量。在屠夫向顾客展示完待宰的牛后，顾客把自己猜测的重量写到一个字条上，投进一个玻璃罐子里。在屠宰完牛后称得牛肉真正的重量，然后在玻璃罐子当中找到一个最接近真正的重量的数字，给猜对数字的人免费的牛肉作为奖赏。弗兰西斯在游戏结束之后突然起意做了另外一件事。他把玻璃瓶中所有人的猜测结果收集起来做了一个总体的平均计算，发现由所有人的猜测重量平均出来的结果居然是最接近实际重量的，甚至比所有人当中猜得最准的那一个人猜得还要准。

斯洛维耶齐指出，一个群体之所以会出现像勒庞所担心的那种集体无意识或者判断偏差，在很大程度上并不是集体的决策本身的问题，而是集体当中有少数人非常有效地掌控并操纵了集体其他成员的思维。为了避免这样的情况出现，我们必须有意识地在一个集体当中构建多样性，只有当多样性存在的时候，人们才会提出不同的、一系列的可能解决方案。在一个巨大的群体当中多样性往往能得到保障，但是在小的群体当中我们必须更加积极主动地塑造这样一个群体特色，换句话说，万众一心有的时候可能并不像我们想象的那么理想。如果一个群体缺少应该有的出头鸟，那么这个集体的决策质量也就会随之降低，与此同时，避免从众心理同时保持个人的思想独立和自由也是群体智慧的重要组成部分。

除了多样性以外，群体的去中心化也十分重要。信息和权力的分散化是人们保持独立自主同时进行合作的一个前提。这一点听起来可能有一些反直觉，因为我们往往习惯性地认为拥有一个群体的核心，同时群体结构呈现出从上到下的资源权力分配结构，是一个群体有效行动的方式。但是只要结合对于从众心理的担心我们就可以体会到去中心化的必要。一个群体需要真正做出群体的共同决策，而不是群体当中少数领导角色代替整个群体作出决策，同时一个去中心化的结构也是整个群体能够有效地分享信息的必要条件。否则信息将成为一种单向度的流通物，仅仅从结构下部向上运行，没有办法在整个群体结构当中进行有效、完整的分享。

一般来说，对于这样一个去中心化、扁平、多元结构的群体，人们往往有各种各样的担心。其中最重要的问题之一莫过于合作的问题。合作问题是指人们如何在纷繁和变化的环境当中有效地保持彼此之间的共存合作，而不是陷入不必要的冲突和误会当中。在我们所熟知的政治社会安排中，一般合作共存问题都通过中央计划来完成，也就是说有一个权力核心位于结构中间，以这个核心发布的条例和律法作为其他人规范自己行为的准则。但是这样的一种做法往往带来巨大的风险，即这个权力核心的决策质量问题。这个问题的有效解决不是培植或者更换核心，而是彻底改变群体决策的主体。只有当参与决策的每一个成员本身意识到这些立法和规范的价值与功能，然后通过不断地重复实践，融入惯习和文化当中，这些规范的价值与功能才能得到最有效和最稳定的体现。

同时，斯洛维耶齐还指出，当我们考察公共决策的时候，不能过分简单地理解人们的投票理由。早在维多利亚时期，劳工阶级的普选权就得到了大幅度的增长，当时很多的哲学家和政治理论家都非常担心，一群没有受过教育的、类似于文盲一样的群众参与公共事务当中，会不会引发群体无序混乱事件？有意思的是这些人的担心明显是多余的。与此同时，一个更有意思的问题出现了，也就是当普选的时代全面来临的时候，为什么一个社会当中更为穷苦的成员往往不根据自己的经济利益来投票？如果我们仔细考虑一下在许多崇尚公共决策的国家存在的经济不平等，我们很难理解为什么大多数人并不去给那些支持财富重新分配的党派投票。答案恰恰在于这一整个群体当中参与公共决策的成员是否享有了充分的信息，同时经过了理性的讨论和决策。如果没有这样的前提，那么大众的想法往往可能被操纵在少数人手中。如果一个群体，仅仅是在重复和肯定之前的一些误解而没有独立和创新的能力，那么这个群体最后所持有的意见可能与真正知识之间的距离渐行渐远。

四　群体心理多元化

二十多年来，组织行为学家、心理学家、社会学家都发现多元化的社会群体，比如多种族的、多性别的甚至是多性取向的群体，在集体决策和行动的能力上要优于那些一致性高的群体。

首先，我们要注意真正的多样性很难达成。就像公共决策理论家们指出的，需要仔细区分多数和多样性。大多数人（majority）所持有的意见里不一定有多样性（diversity）。在集体决策的时候，人们往往在直觉上更喜欢一致性、统一性和协调性等价值。对于多样性的强调总是让人感到几分困惑，甚至是焦虑。因为多样性背后的预设是不同和分歧，如果没有不同，那么多样性本身是不成立的。换句话说，从定义上来看多样性本身就需要异见，而异见对于一个整体一致的结果来说是个挑战，并不是什么值得庆贺和珍惜的事情。争议貌似是一个群体在决策时最需要避免的事情。

社会心理学家发现，多元性和一个群体的信息量有关。当一群人在一起解决问题时，他们带来不同的信息、意见和视角。当我们想想专业和学科分工时这一点就体现得非常明显。单纯的群体多元化也是如此，来自于不同社会背景的人，因为本身的不同特质可以为这个群体需要解决的任务带来不同的信息和精力。比如一个男工程师和一个女工程师对于一个适用的机械的体验和完全不同，一个物理学家和一个工程师对于机械运行的基础原理也可能有不同的洞见。

比如，马里兰大学的克里斯蒂安·德兹（Cristian Desoi）教授和哥伦比亚大学的大卫·罗斯（David Ross）教授曾经共同研究了性别多元化对于一个群体决策行为的影响[①]。他们先是研究了 1992 年至 2006 年顶尖公司管理层的性别组成，然后查询了这些公司的业绩表现。根据他们的发现，平均看来，高端管理层的女性代表让每个公司有 4200 万美元的增值。他们同时还测量了这些公司的"创新密度"，并发现当女性进入高级领导层时，公司更加重视创新的价值，而同时这种重视带来了公司的增益。

一个组织的种族多元性能够带来同样的增益。得克萨斯大学的教授奥兰多·理查德（Oralndo Richard）和他的同事们在 2003 年展开了一个项研究，调查了美国 177 家银行的主管，然后比较了种族多样化和财务表现，尤其是在创新能力上的差别。那些关注于创新的银行，明显雇佣更多元化族裔的管理层，同时在财务业绩上的表现也更为突出。

以上例举了这些统计上的数据和实证例子，那么到底多元化是如何刺激想法的呢？虽然这些大数据为多元性和优秀绩效之间建立起了某种关联，但是我们不能直接说一方是另一方的原因，或者一方引起了另一方。为什么群体内的差异有时反而能带来群体的出色决策表现？这依然是一个社会心理学学者在不断追问的问题。

2004 年斯坦福研究生教育学院的里兴·安东尼奥（Lising

---

① Dezsö, Cristian L. and David Gaddis Ross, "Does Female Representation in Top Management Improve Firm Performance? A Panel Data Investigation." *Strategic Management Journal* 33 (9). 2012.

Antonio）和加利福尼亚大学洛杉矶分校的五个同事一起研究了种族对于小团体讨论的观点构成的影响①。来自三个大学超过 350 名学生参与了这次研究。小组成员花大约 15 分钟讨论时下最热的社会问题（比如童工问题或者死刑问题）。研究者写下了反对意见，交给小组的白人或者黑人成员去宣读给小组其他成员听。当一个黑人学生把观点呈现给白人学生时，这种观点往往被认为新颖独特，激发起更多的思考，而由白人学生给出同样的观点却无法带来这种效果。这个结果告诉我们，当一个跟我们差异很大的个体告诉我们不一样的想法的时候，这个异见可能带来广阔的想法。

需要注意的是，这种效果不仅仅只限于种族的多元性。2015 年伊利诺伊大学管理学教授丹尼斯·列文（Denise Lewin）主导的研究队伍访问了 186 个人，他们的党派身份是公共决策型党或共和党②。然后让他们一起解决谋杀难题。随后，研究者们要求受访者写出一篇论证文章，和另一派的成员开会讨论时使用。同时研究者们告诉这些人，他们必须和另一个成员达成一致，也就是说，每个人都需要做好准备，说服另一方。接下来，研究人员对一半的受访者说他们要说服的对象来自于不同党派，另一半说来自于相同党派。当和我们不同的人对我们进行挑战的时候，我们格外努力。多样化使得我们在进行认知活动的时候更加努力，这是同一性做不到的。

多元化不仅仅把更多不同的视角摆在人们的面前，有的时候

---

① Antonio, Anthony Lising, Mitchell J. Chang, "Effects of Racial Diversity on Complex Thinking in College Students", *Psychological Science* 15 (8) . 2004.

② Duguid, Michelle M. , Denise Lewin Loyd and Pamela S. Tolbert, "The Impact of Categorical Status, Numeric Representation, and Work Group Prestige on Preference for Demographically Similar Others: A Value Threat Approach", *Organization Science* 23 (2) . 2012. pp. 386 – 401.

仅仅是要群体多样化起来，人们就会相信他们之间有不同的视角，而这种认识也让人们有效地改变自己的行为方式。同质性比较高的群体成员往往误以为他们之间的意见很一致，以为他们相互理解彼此的视角和看法，同时能够很容易地达成一致。但是当群体的成员注意到他们之间的差异性时，他们就会调整自己的预期，并对可能的分歧和终端做出预判。我们不会喜欢这种可能的差异和冲突，但是他们因为这种预判而做出的额外努力往往会带来更好的结果。

第三节　群体协商的公共决策模式

结合前一节对于集体决策时社会心理学的观察，我们会发现，累计型的公共决策模型不但不能用形式化的方式来为我们提供关于集体责任的规范性标准，而且无法处理在群体互动中会实际产生的心理事实和效果。在累计模式理论当中，公共决策程序仅仅被看作一群平等的个体通过对不同的选择表达自己的偏好、判断和看法，最终根据决议形成集体行动的过程。我们可以看到的是，在这样一个过程当中成员之间的探讨和交流并不被纳入公共决策的核心内容之中。在这一节当中我将简要介绍一种新的公共决策实践模式，也就是协商式公共决策模式。

群体协商作为公共决策的模式是近 50 年间在公共决策理论领域新兴起的一个流派学说。因为这个学说较为新颖，人们还没有在中文词汇中找到合适确切的翻译单词。在英文当中，协商（deliberation）这个词的意思是通过掌握多方面的证据和理由，对某一个问题进行左右的思索和权衡，最后做出一个最为妥当的决定。这个动作可以由一个人进行，也可以由多个人进行。主要强调的是，决策主体采纳比较中立客观的，综合各方面有关的证据，进行周全的反复的考量，最终做出一个不偏不颇合理最优的选择。因此这个词也被翻译成"审慎""权衡""节制"等。顾名思义，协商式公共决策就是一群人在一起共同考虑各自的不同观点、理由和证据的基础上，通过合理平等的协商，做出最后的决定。协商式公共决策最关心的问题是一个决定的质量问题。

我们从直觉上就可以理解，一个决定的质量往往取决于很多因素。比如，它取决于做决定的人是否掌握了充分的信息，是否从多个视角考察了相关事件，是否考虑到今后长远的后果，是否预计到可能面临的风险和连带的状况，道德上是否允许，操作上是否可行，等等，然后综合得到的决定，才算得上一个有质量的决定。在行动哲学和价值论中，对于协商权衡的研究也是方兴未艾。哲学家们认为，协商权衡在对实践理性的讨论中占有重要的地位，与通过反思来解决应该做什么的问题息息相关。而在协商公共决策论者看来，公共决策实践说到底就是一个群体共同决定什么问题是需要解决的，解决这些问题需要做什么。这样的公共决策决定，就像所有基于实践理性的决定一样，需要慎思和协商、权衡，才能得到一个合理的结果。公共决策决定的合法性，在协商公共决策论者看来，很大部分取决于这个决定的质量，也就是这个决定是如何达成的，其理由和根据是什么。换句话说，协商公共决策理论认为在公共决策选择中有一个大课题是被其他公共决策论者所忽视的，那就是公共决策决定的质量取决于这个决定在形成的过程中，决策参与者如何达成他们之间的互动沟通。

协商公共决策理论学家认为，虽然投票在公共决策参与当中有它自己独到的作用，但是公共决策社会当中的集体成员更重要的是要去表达一种不偏不倚的想法和判断，这些想法和判断能够最终指向全体成员的公共利益，而不是他们自己的个人偏好。全体成员必须要从个人的偏好当中尽可能地脱离出来，在经过反思之后做出没有偏差的决定，而这个决定的依据是每一个成员的公共利益。

　　这里公共利益的说法经常引起人们的不安。很多理论学家认为，没有任何公共措施能够使得每个人获利，所谓公利只不过是大多数人所表达的意志。极端一点说来，这种想法认为，就算是在最小层面上的公共利益都不能作为集体决策的基础。这样的批评非常值得我们反思，也许我们的公共生活当中不会有任何一种结果会让社会当中的每一个人都接受。现在的问题是我们究竟应该如何来认识公共价值。难道所谓的公共价值就只是指一些政治稳定和经济繁盛，让每个人都有机会追逐自己的私利吗？还是有什么更实质性的公共价值呢？

　　在回答这个问题的时候，我们不得不提起法国政治哲学家雅克·卢梭的观点①。卢梭提出在群体决策的时候，决策者应该关心的不是个体的具体私利，而应该是公共的意志，而公共的意志总是指向公共价值的。公共价值并不是大多数人认为有价值的事情，也不是人和人之间的利益平衡达到帕累托最优时候的状态。在卢梭看来，公共价值是指人和人之间实现真正平等和自由的关系。换句话说，卢梭认为在集体成员做集体判断时，这个集体判断的最终目的就是维系所有成员之间的自由、平等和独立。

　　卢梭认为公共生活最基础的问题，是找出个人自主自由和权力之间的共处关系。而这种共处十分必要，因为人类社会已然发展到一个单个个体不可能自给自足的阶段。人和人之间的共同相处日渐发达，依赖性渐强。随着人和人之间共同生活的加强和复杂化，政治秩序和控制变得很有必要。但是这种政治权力和强力秩序的建立只是让本来就不平等、充满暴力的关系进一步通过法

----

① 关于卢梭的理论对于公共决策的影响，请见 Bertram, Christopher, "Rousseau's Legacy in Two Conceptions of the General Will: Democratic and Transcendent", *The Review of Politics* 74（3）：403 – 419. 2012. Estlund, David M., Jeremy Waldron, Scott L. Feld, "Democratic Theory and the Public Interest: Condorcet and Rousseau Revisited", *American Political Science Review* 83（4）：1317 – 1340. 1989.

治和政权的建立固定下来。同时，卢梭也指出，这样建立起来的社会必然是一个阶级社会，受到这个社会当中富有阶级利益的支配，而那些贫困和弱势的人只能接受被欺压和奴役的境地。卢梭认为，在一个理想的政治社会里，每个人都应该能够享受到公共权力的保护，同时还保持个人自由。而这种状态的实现只可能有一种方式，就是把集体成员全体的集体意志结合起来。每个集体成员都具有公共意志，而立法的基础也基于此，这样社会上的每一个集体成员都屈从于他自己的意志，因此，在卢梭看来，依然保有自由。

卢梭的公共意志说法在后来的解读者看来很是模糊。公共意志这个概念的张力恰恰也就是公共决策意志的张力。公共意志可以是一个国家的集体成员在国民集会时一起形成的决定，也可以是一个国家的集体成员从国家整体的角度针对这个共同体本身的公共利益做出的决定。两种解读在卢梭的理论当中都有体现。如果要做一个中和的理解，那么公共意志指的是在对的情况下、对的程序中，集体成员立法者可能会综合自己的判断和看法，根据公共利益形成的决定。而最后一种说法是协商公共决策论者的解读，这种理论在后文中还会讨论。

卢梭认为，一个公共意志之所以是公共意志，它必须是来自于所有人，并且可以作用于所有人的。一个合法有效的社会契约必然是所有人都向其他所有人让渡出自己所有的权利。结果是建立一个道德的和集体的结合，集合了所有集体成员议会应该涵盖的成员，由此形成它行动的意志、它的单一身份、和它的意志与生命。这样一个结合的存在就需要"公共意志"。公共意志，可以说是一种道德律令，要求每个人都从公共利益的角度出发思考问题。首先，一个在公共意志之上形成的国家法律和规则必须适用于每个人，同时在适用范围上是普世的。法律不会有具体的冠名，它必须适用于每一个国家内的集体成员。而卢梭认为，虽然每个集体成员的政治思考前提是自己的利益，但是出于这样的考虑，大家都会同意一种没有偏向的、对每个人一视同仁的立法是正义的。要实现这样一种情况，前提是这个社会大多数人的处境必须是相同的。如果一个社会里每个人的价值背景不同，承受的文化传统不同，从事的职业和生活方式极端分化，或者经济不平等的情况很严重，我们都不能寄望这个社会会形成这样一种公共意志。一旦平等的、同质化的政治集体成员形成这种公共意志，并且在此基础上形成国家权力和法律，那么集体成员就从此受制于自己的意志，而不仅仅只是自己的道德品质的约束。卢梭一再地强调，如果一个集体成员仅仅考虑自己的利益是不足以产生公共意志的。集体成员必须要有足够的能力和美德来真正地从公共利益、国家福祉的角度去思考问题并做出决定。

协商公共决策论者在理解公共决策时，在很多方面与卢梭对于政治公意的理解近似。他们同样认为仅仅是成员赞同一个公共决策的结果，是远远不够的。因为人们同意一个公共决策结果的理由是多种多样的，有可能是因为漠不关心，有可能是出于自私自利的利益计算。而这些同意公共决策决定的动机都是协商公共决策论者所不愿意看到的。相反的，协商公共决策论者认为，一个公共决策的结果要真正合法，必须是因为这个决定程序允许并且促进了人和人之间理性的思考和协商，而且这些思考和协商不仅仅是关于某一个具体需要解决的问题，还关于人和人之间对话和协商的秩序和状态。为了让集体决定的结果和公共决策程序都获得合法性，这个决定的过程必须是一个人和人之间公开的分享和交换理性的过程。这种交往和对话必须有一个合适的平台，在这个平台上参与者有能力、有自由并且具有平等的地位。他们可以拥有各自独立的偏好，但是这些偏好必须基于充分的信息。而且他们必须能够有能力充分参与到这个对话平台当中，并获得对他人的意见产生影响的机会。

当群体成员之间存在争议，不能够一致同意是否应该实施某一个公共政策的时候，协商型公共决策路径就更有用武之地了。我们需要看到，这种关于公共政策的争议不仅仅是关于如何更好地达成共同结果，更多的时候这种争议是价值观上的、道德上的争议，往往有关于公共性本身。在处理这种争议的时候群体成员有几种办法。有一种办法是服从一种不偏不倚的程序，比如说多数投票，并且希望他们想要的结果会胜出。还有一种办法是群体成员之间相互谈判妥协，最终产生一个调和中庸的结果。无论采取哪种方式，他们之间有一个共同点，就是群体成员需要参与到这种公共选择当中，与此同时他们并不想让自己的偏好因为这种集体参与而有所改变。恰恰相反的是这些公共决策的过程本身就不鼓励参与者改变自己的个人偏好。在前面我们已经提过，很多公共决策学者和社会科学家认为，投票累计机制是有效实现集体决策的方式，因为公共决策的重要功效就是累计个人的偏好，不是强制人们根据信条和某种美好的理想图景去生活，只是帮助人们去努力实现不同的价值取向，而多数累计的模式在最好的意义上反映了各种偏好之间的平衡。

对此，协商公共决策论者是绝不赞同的。他们认为，如果公共决策除了累加偏好利益以外什么都不做，那么公共决策就没有做到它该做的事情。成功的公共决策实践需要让理性有一个可以被分享和反思的空间。这里的关键说法是，公共决策除了累计投票以外还意味着很多其他的东西，而这些其他的东西是更重要的东西。在个人主义公共决策论者看来，公共决策参与，与市场行为其实差不多。每一个人都有自己预先想要购买的东西，拿着自己的选票到市场上去购买，最后价高者，或者说公共决策投票中的多数人，购得自己想要的东西。可是在协商公共决策论者看来，公共决策绝对不是市场，而最终的集体决定也不是拿来贩卖的资源。

协商公共决策是一个复杂的、多层面的概念。所有的协商公共决策都离不开公共理性这样一个概念。这些公共选择学家主张，所有的合法决定都必须能被每一个人合理地接受，或者不能被合理地驳斥。换句话说，所有协商公共决策理念都围绕着一个集体合法性的理念，要求集体成员之间自由、平等、独立地进行公共思考和沟通。首先，这样一个理念要求群体成员超越自己的私人利益，把目光放到公共利益上去。其次，这种目光和视角的改变是对累计性公共决策的一种改进，它能够让人们一起认识到共同目标，而且在没有集体共识的前提下建立起公正的集体合作，这种公正可以是实质上的公正也可以是程序上的公正。因此，无论是在一个多元异质群体中还是在一个单一同质群体中，协商公共决策都有用武之地。

对于各种各样的冲突，无论是利益上的、认识上的、还是道德上的冲突，协商公共决策的手段不是限制公共决策的范围，而是保证在一个理想的协商状态下，每一个理性的、独立的群体成员都分享自己的偏好和意见。只要最后得到结论的过程是公正的，是每个人都可以接受的，我们就不应该排除或者限制这些偏好和意见。这使得早期的协商公共决策论者多倾向于程序主义的路径，也就是说他们更关注一个公共选择达成的过程前提是否是公正的，参与者是否通过个人的独立选择来做决定，这种选择是否是在平等的状态下做出的，等等。而在后期的发展中，程序性的关注渐渐地被实质性的讨论所取代。后来的学者认为，协商公共决策的好处在于它既不是形式程序性的，也不是实质内容性的，而是两者的综合，需要具备两个层面上的必要条件[1]。

协商公共决策论者把公共决策讨论过程中的种种争议和冲突

---

① Mark Warren, "Democratic Theory and Self–Transformation", *The American Political Science Review*, volume 86, no. 1.

看作集体生活的必要组成部分，试图为我们提供一种在不断的争议和冲突之中，以不消除这些根本冲突为前提条件，达成共识的方式。在不同的语境下，协商公共决策论者认为，人们需要通过理性协商找到解决群体问题的方法，人们有可能在表达并保留各自的观点之后依然找出接受彼此不同和协同合作的方式。而协商公共决策论者强调的是，这种沟通和协商所提出的理由是合理的，给出理由的方式是公正的，而持有不同理由的相关人士也都参与进来，而且这些给出的理由反过来对于给出这些理由的人具有约束性。这种协商必须是互动的、公开的并且是具有责任制的。即便群体成员之间有不可调和的冲突，集体成员也可以合理地认识到这种差异，并且求同存异地实现多元共处，没有人能够把自己的意见强加给别人。协商型公共决策模式在各个方面都不同于累计型公共决策模式。让我们来仔细梳理一下与集体责任相关的协商型公共决策模型的特征。协商公共决策中有两个主要的组成部分被认为是十分必要的，而这两个组成部分在累计型公共决策模型中要么完全不存在，要么得不到重视。第一个部分是参与者之间交流、分享理由和判断；第二个部分是成员对集体和共同利益的承诺。这两个组成部分具体到决策实践中，就意味着协商型公共决策的参与者将对相关问题的真诚和知情的判断带入公共协商，呼吁其他理性的平等参与者去赞同这些考虑，并愿意接受和采纳其他参与者的判断，超越自身利益，重新定位共同利益，从而共同做出具有公共决策合法性的决定。在协商公共决策的模型中，决策参与是以一种面向相互理解的方式构建的，在这种方式下，独立的集体成员可以公开地运用他们的理性。这种共同的协商环境将独立于参与者各自的偏见，并植根于其成员之间理性共识的合法决策结果。参与者不仅仅是表达和记录他们的偏好和兴趣。他们必须开诚布公，相互关心，以所有人都能接受的方式证明他们的主张和建议是合理的。希望经过集体讨论的过程，参与者的取向从自我考虑转变为理解"什么是公开正当的"，他们会进而意识到自己相互依赖，并作为集体成员慎重行事。因此，协商公共决策有助于进一步塑造和发展一个运转良好的社会的现有关系。

协商公共决策模型的支持者有三个论点，这三个关键论点对讨论公共决策中的集体责任至关重要，它们分别是协商的认知价值、自我转化理论与集体成员发展。

首先，协商讨论的一个主要价值是其认知可靠性。协商公共决策致力于追求参与者们对于共同利益的理解和判断。为了发现公共决策所追求的共同利益的真相，平等、独立的参与者之间的协商是必要的，因为个人参与者不可能充分了解和理解集体决策中所有参与者的情况、判断和利益。通过一起讨论，参与者不仅了解其他人的私人利益，还了解彼此持有的深刻的价值信仰体系。他们分享信息并相互验证判断。这可以打破理性的条块分割。这种互动有助于群体做出更明智的决定。与此同时，参与形成这一决定的个人很清楚这一决定是如何产生的。这是协商公共决策学者从约翰·密尔那里借用来的一个观点。密尔认为，对律法的协商会导致更理性和更明智的决定，因为自由讨论和公开辩论允许相关信息被分享，错误的推理被揭露，所有支持和反对法律的理由都将被辩论和考虑。当代政治理论学者爱丽丝·杨（Iris Young）认为："通过与许多不同意见和处境的人进行公开讨论的过程，人们经常获得新的信息，了解他们关于集体问题的不同经历，甚至有可能发现他们自己最初的意见建立在偏见或无知的基础上，或者他们误解了自己与他人利益的关系。"[1]

协商型公共决策理论的第二个论点关于集体成员参与公共决策的自我转变。协商公共决策的支持者认为，这个过程的参与者

----

[1]　Iris Marion Young, *Inclusion Und Democracy*, Oxford University Press, 2002, p. 26.

在信仰、经验和判断上经历了一系列自我转化，从而成为更好的公共决策参与者。在协商的环境中，个人被赋予更广泛的权力，"他们会变得更热心公益、更宽容、更博学、更关心他人的利益、更探究自己的利益"。为了增加公共决策，将个人主义和冲突的利益转化为共同的和非冲突的利益。通过参与和协商，我们可以预计参与其中的个人会经历一些偏好和能力转变，从而更加意识到他们在集体生活形式中的共同成员身份及其先验的社会纽带。

第三，协商模式具有菲利普·佩蒂特所说的"发展理论基础"① 的优势。成员之间的讨论可以向参与者澄清，他们是这个集体的组成部分，无论他们自己的意图和利益是什么样的。参与者将被强烈激励去接受一个新的集体观点，并通过集体讨论来相互影响。因此，协商公共决策不仅有助于决策群体获得更多的协商能力，对外部理性做出更好的反应，而且有助于参与者认识到他们参与和促进的决策的共同性质。

集体成员能够而且应该受到正义或共同利益的道德激励，并愿意遵守和参与关于这些价值观的公共决策。协商理论的支持者认为，集体成员可以被他们对互惠和公共理性给予的承诺所感动，或者被正义感和与他人合作的意愿所感动，或者被他们对通过协商达成的协商机构和规范的承诺所感动。无论是什么原因，协商参与者都应该获得对集体的规范性承诺，否则没有协商参与，集体就不会存在。

第四节　集体协商增强集体责任

在这一节中，我将具体解释集体协商如何能够促进个人在集体层面上承担责任。协商公共决策被提倡作为一种解决方案，以

---

① Philip Pettit, "Responsibility Incorporated", *Ethics* 117, no. 2, 2007, p. 176.

应对现代社会中多样甚至可能冲突的价值观背景。在现代多元社会中，成员之间的分歧往往反映道德分歧，因为对基本价值观持有不同观点的集体成员会就管理其公共生活的群体规范展开辩论。任何令人满意的公共决策理论都必须提供处理这种道德分歧的方法。所有公共决策理论家面临的一个根本问题是，面对持续的社会多元化和冲突，如何找到合理的方法，做出有约束力的集体决策。公共决策协商理论为这个问题提供了一种不同的——也是更好的——方法。协商公共决策的基本原则是，集体成员认可集体强加给彼此的规范和相互认可，认为这些规范和理由是合理合法的。具体到集体责任，我认为，协商公共决策倡导的决策形成模式有三个优势，有助于我们更充分地了解集体责任。需要再次强调的是，我不在这里承诺任何具体的答案，但我相信可以作出一般性的观察。一个集体要承担规范地位和责任，就需要在内部很好地整合，对外部理由做出反应，并能够采取集体行动。为了将一个集体转变为一个适当的规范行动者，其个别成员的互动必须有适当的结构，以便产生适当的集体行动者。虽然我不能提供一个完整的客观标准列表，让足够的集体行动者成为一个适当的道德行动者，但我打算声明以下内容有助于培养一个集体成为一个称职的责任承担者。

第一，鉴于集体责任是情境相关的，集体需要一种向其成员披露这些信息的机制。小组成员需要就相关的集体行动进行沟通，交流看法和判断。他们需要就集体行动的目的、执行的背景、所有受影响方之间的关系以及所有各方对这一行动的各种合理期望分享他们的理解和知识。集体协商在认识论上使参与者对集体行动有更可靠的了解，使职责和责任的分配更加透明，从而更好地促进集体决策和更好地承担集体责任。

第二，为了培养有能力的集体责任承担者，它要求个人参与者从不同于个人意图和利益的角度看待集体行动。个人需要将他们的决定和行动视为整体集体图景的组成部分。集体协商，即在公共场合给予和要求正当理由的过程，使个人成员能够经历自我转变，变得热心公益、宽容、博学和关心他人的利益。通过这种自我转变，参与者真正地将其他参与者的意图、信念和价值融入他们的推理和感知中，形成一个子计划的网状网络，用布拉特曼的话来说，就是一起执行集体行动。参与成员之间分担责任关系的图景有机会通过公开协商来构建，并得到构建方的充分认可，从而获得相关方的约束力。

第三，通过集体讨论，参与者获得了承担集体责任的额外动力，而不管集体决策是否符合他们个人的私人利益或意图。协商中的群体形成基于共同信念、判断和承诺的关系，从而成为一个多元主体。从这个意义上来说，对集体协商产生的集体决策负责就是表达一个人作为协商小组成员的自我认同。协商集体以规范的正当方式做出决定。承担责任意味着个人愿意赋予集体的公共意志合法性，并承认自己在这个集体中的地位和贡献。

总之，当协商公共决策构建公共决策的责任并在参与者之间分配这一责任时，集体责任消失的挑战减小。换句话说，集体协商可以培养集体行动的合格参与者，适当地构建他们之间的互动，并促进集体行动。集体行动中对责任的集体协商有助于打破一种执念，这种执念认为个人在集体行动中实施的任何特定不当行为都有一个单一、明确、独特的责任。群体成员之间的交流揭示了个体成员之间人际关系的本质。集体行动的集体协商要求参与者思考他们与集体结构关系的重要性，在集体层面承担可能的责任，并在这一理解的基础上作出集体决策。

第五节　群体协商的理性和目的

协商公共决策理论家认为，一个独立的或者说孤立的个体是否能够有效客观地了解自己的利益和偏好是一个需要进一步探讨和研究的问题。即便从工具价值的层面上看，群体协商对于投票累计型的公共决策依然具有重要的意义，因为即使我们要求人们仅仅根据个体特殊的偏好来投票，那些经过协商而形成的偏好本身就要比不经过协商而形成的偏好更具理性。但是协商对于公共决策具有高于工具层面之上的价值。协商型公共决策和多数累计型公共决策之间最大的区别在于协商公共决策当中包含沟通和交流的行为。而只有基于沟通和交流，一个群体当中的个人才有可能对于公共价值做出正确的判断，这里的公共价值是指那些考虑到群体成员当中所有人之后而形成的价值。在这里呼之欲出的一个概念，也就是近 20 年间政治哲学当中研究最富成果的一个概念，就是"公共理性"。在一个基于公共理性的群体协商环境当中，一群人将会通过公开讨论和交流的方式来决定立法的目的和手段。对于公共理性的强调是协商型公共决策模型的一大突出特色，因为公共理性是揭示集体生活所应该尊崇的一些规律和价值真相的核心手段。

更具体一点说，协商型决策模型要求其集体决议的参与者共同协商并投票决策；他们要分享真实的和信息充分的判断和想法；决策的目的是推进所有成员的共同价值；决策参与成员要把彼此看作自由平等的参与者；每一个人都应该有多方面的社会工具和权利来实现自己参与公共生活的机会；与此同时成员个体保持自由，也就是他们有自主决定什么是价值的权利；成员之间必须保持多元化的价值理念，同时这种多元化必须由立法权利来保障；最后成员需要认识到在参与协商时必须使用公共理性，也就是能够被其他参与者所接受的价值考虑。

纵观协商公共决策理论，有一个问题我们还没有讨论。就是在协商公共决策论者看来，协商公共决策的目的究竟何在？个人主义的公共决策的目的很简单：公共决策就是为了综合各家的偏好，然后将这些偏好在集体决定中表达出来。参与公共决策的目的是为了让成员从公共意志出发，对自己的共同体有充分的参与和掌控。那些协商公共决策的目的究竟是什么？对于这个问题，不同的协商公共决策论者有不同的回答。

比如很多协商公共决策型的支持者会采用约翰·密尔的说法，认为集体协商能够带来更加理性的信息、更充分的决定，因为自由的公开的探讨和争议使得有效的信息得到充分的分配，人和人之间错误的推理得到纠正，同时赞成或者反对一项说法的所有原因也都会得到考虑。而在另一些学者看来，协商公共决策的价值在于群体成员可以一道在一个有争议的群体中共同进行一种集体建构，而这种共同的集体建构在累计型的公共决策体系中是不可能的。在社会进一步多元化的过程中，人和人之间的同质化程度越来越低，人和人之间因为不同的价值理念和信仰体系的冲突也日益加大。更多持不同理念的人，需要生活和共处在同一个群体当中。因此，协商模式可以更好地从实践安排上整合实际利益、道德价值和身份认同的冲突。还有一些学者认为，协商公共决策可以有效地将公共安排与公共理性结合起来。基于这种群体协商的过程，这种以平等、理性和独立为基础的成员协商行为，在最大程度上实现了公共理性。虽然这些学者各有各的说法，但大体上协商公共决策论者都同意，真正的公共决策协商可以鼓励群体成员就集体利益找到共识。在集体讨论中，大家相互讲述和交换理由的机会让每个人都可以学会考虑，什么对于别人来说可能是合理的，什么对于大家来说是合理的。还有最后一个说法，持这种观点的学者认为协商公共决策型的参与过程能够培养集体成员的公共美德，因为在集体平等理性协商的基础上，人和人之间通过沟通和交流扩大了自己的视角，能够并且愿意去看到别人的观点和别人的利益，同时发展出人和人之间的共情效果，人们也会对彼此的不同体现出更多宽容和谅解的情绪。

第六节　群体协商和集体责任的案例分析

一个道德上合理的责任观念，将取决于人们是否有能力在个人利益之外进行推理，并考虑什么是可以合理地向反对他们的人作出说明的理由。协商的目的在于，集体成员在分享和沟通自己的理由时能够认识到，即使他们认为集体决定在道德上仍有争议，也能认识到集体的决定具有道德价值。在没有协商的情况下，集体成员对其不同意的集体决定没有尊重的义务。然而，在进行了集体协商之后，集体成员有义务最大限度地去考虑反对者的道德、判断和信仰。在制定一个运作良好的集体责任概念时，试图为集体责任寻求一个可靠的基础——在最基本和一般的哲学原则层面上——的企图，使我们走错了方向。虽然哲学家们在辩论各种定义集体责任的原则和标准，但政治行动要求参与者在缺乏能够指导实现有效的道德责任基本原则的知识的情况下，在当下的集体决定和责任的合理性的基础上达成某种基础。在这里，我想提供一个现实例子来展示集体成员对于集体责任的协商，以及通过协商而取得的道德进步。

19 世纪 70 年代，加拿大联邦政府开始在原住民寄宿学校的发展和管理中起很大的作用。住校制度的两个主要目标是将儿童从其家庭、家庭传统和文化的影响中分离出来，并使他们融入主流文化。这些目标的前提假设是土著文化和精神信仰是低等的，需要被摧毁。用戏剧化一点的语言说，一些人试图"杀死印第安人的孩子"。2008 年，加拿大政府认识到这种同化政策是错误的，它造成了巨大的伤害。这个案例提供了一个试图纠正历史不公的例子，这也是讨论集体责任的一个长期以来的话题。

有一个群体，即现在的加拿大政府，正在为居住学校制度对原住民造成的伤害承担责任。让我们考虑一下，在这个道歉的决定之前的集体协商可能会如何展开，直接受影响的各方如何参加这样一个集会，以便决定是否应该发表这样的道歉，并确定某些前提作为进一步协商的出发点。假设为了论证，该团体要在考虑三个独立的集体责任理由的基础上作出决定：第一，道歉的团体，即本案中的加拿大政府，是否对受害者群体，即原住民所遭受的伤害负有因果责任；第二，道歉一旦发出，是否有助于解决对受害者群体造成的历史性不公正；第三，要求现在的加拿大政府道歉是否合适。各种各样的考虑因素都会产生不同的反应。有人可能会认为，加拿大政府作为一个连续的政治机构，对虐待原住民的行为负有因果责任，现任加拿大政府与过去任何一届政府一样，都有义务做出这样的道歉。而且，加拿大政府采取道歉的立场，很可能有助于改善原住民未来的处境。我们姑且称这种观点为乐观主义。同时，一些悲观的市民可能会认为，如果道歉有用，加拿大现任政府应该负责任，应该发表道歉。但是，这样的道歉不仅不能充分解决历史上的不公，而且很可能为将来的加拿大政府对问题的无知开脱。其他参与者也可能持犹豫不决的态度，认为这样的道歉有助于恢复历史的公正，如果加拿大现任政府对原住民的不公正行为负有因果责任，要求加拿大现任政府做出这样的道歉也是应该的。然而，鉴于现任政府成员和加拿大公民在加拿大历史的这一特定章节中并不存在，因此要求他们道歉是不恰当的。

现在，让我们回顾一下这种集体行动的累计模式的缺陷。就这一具体问题而言，我们可以看到，任何通过集合投票做出的集体决定都不能反映参与各方丰富而复杂的规范性考虑。无论受影响的各方是否做出道歉的决定，该决定并不能反映出一个统一的意识，无法解释为什么在特定的情况下这个决定是最好的决定。

在考虑了累计模式之后，我们再来考虑一下协商模式。协商模式不是每一方事先从自己的判断和信念出发，私下里得出结论，而是由小组成员提出相关的考虑因素，在讨论中说服其他成员，让整个小组集思广益，做出集体决定。集思广益与小组成员达成一致意见有本质上的区别。它迫使整个集体从这些相关的考虑因素出发进行协商，而不管团体中的个别成员私下如何看待。在集体讨论加拿大政府向原住民道歉的问题时，让我们想象一下，我们有一个个体成员持前文所述的悲观观点。当小组讨论时，我们可以合理地预期，我们的悲观主义参与者会出现以下情况：这个悲观主义者会准备加入讨论，私下里的目标是说服其他成员去否决这个道歉，因为它可能带来有害后果。通过小组讨论，我们的悲观主义者会表达他的意见和担忧，并听取其他人出于各种考虑而做出的赞成和反对决定，其中有些决定他的脑海中发生过，而有些则没有发生过，有些是同意的，但有些是不同意的。最理想的情况是，他能够表达出他的担心，指出这样的道歉可能会产生意想不到的后果，使未来对原住民的不公正行为合法化。同时，他可能会相信，这种可能的负面影响并不是反对道歉的有力理由。相反，一个乐观的人可能会认为，这种道歉可以作为未来恢复正义的行为的良好起点。整个集体可能会继续敦促政府承诺采取进一步的政策和行动，以避免这种意外的负面影响。在集体通过对这些不同方面的影响的讨论并达成集体决定后，尽管我们这个悲观主义的参与者最初是反对这个决定的，但他可以合理地证明这个团体的决定是合理的，并指出这个集体在考虑到这个决定的利弊之后，决定发出道歉。集体共同意识到这一行为可能产生的消极后果，并承诺今后将采取预防措施。

当集体决定以这种方式达成时，它不会因内部缺乏一致性和连贯性而受到影响，因为整个集体作为一个整体会注意到这些考虑的所有合理关系，并根据其相对重要性和说服力来权衡。每个个体成员都知道产生这种结果的确切原因和过程。他们都能够陈述这些结果和理由，能够认识到它们的合理性和重要性，能够从集体的角度将自己认定为这个集体决定的有效贡献者。此外，我们的悲观主义者可能与其他参与者一起，更愿意对这一集体决定所造成的消极后果作出反应，更有能力采取进一步的集体行动。

第七节　对群体协商模式的挑战

作为一个新兴的制度，群体协商型的公共决策模型面临着各种各样的挑战和质疑。一些批评者认为这种模型过于乐观。在这些批评者看来，协商公共决策型论者认为，只要有理想的环境，人们能够进行合情合理的讨论，那么就可以达成共识。但是这样的想法似乎忽略了一些最基本的事实，比如人和人之间有最根本的价值理念的冲突以及不同的宗教信仰和人生梦想。当人和人之间的冲突来自于这些最基本的信念和价值时，理性的沟通似乎不足以弥补这些不同，不能促使人们达成共识。协商公共决策型论者认为，这样的批评是不公正的。一些协商公共决策型论者指出，协商本身并不保证能够消除所有的不同，但是如果认为协商的作用仅仅是让人们达成共识，这样的想法非常有限。也许最后的集体决定还是需要投票决定。协商公共决策型论者例举了几个导致人们无法达成共识的主要矛盾，比如资源的匮乏、身份的排外性和基本的道德冲突。但是协商公共决策型论者认为，即便无法最终达成共识，但是当人们真诚地向着可能共识迈进时，对于公共生活有着良好的效果，比如人们会学着在争夺有限资源的同时如何和平共处，人们也会学着去用一个广阔的视野更加宽容地对待对方，同时也会学着认识到道德观之间的差异。而这些，在协商公共决策型论者看来，都是集体成员在培养公共美德时必不可少的品质。

还有一些批评者提出质疑，他们认为协商公共决策型论者就谈话和协商该如何进行预先设定了一些哲学上、伦理学上的基础理论。然而，协商公共决策型论者不应该在伦理基础理论上做任何的预设，因为协商公共决策型的一大优点就是允许任何人之间就最根本的价值观问题进行讨论。但是这样，我们又回到了一个宽容悖论一般的困境中。如果我们不先预设协商和谈话是好的，我们怎么能够防止人们通过公共决策型协商把协商性公共决策型本身定义为不合法的？如此一来，一个集体理念的实现就有可能剥夺自己的合法性基础。哈贝马斯对于这样的质疑有一个简短的回应。他所采取的方法与我们在第一章中谈论的假设方法类似。哈贝马斯和其他一些协商公共决策型论者提出，如果协商公共决策型真正地从理念上在它所需要的理想条件下得到实现，那么参与者将会有理由，有动力去构建一个有利于协商的公共决策型体制。

　　另外一个对协商公共决策型的质疑，是协商公共决策型的应用非常有限。因为只有那些真心诚意愿意和其他人一起讲道理的人才能够真正地实现协商和对话。而没有这一种预设态度的话，我们不能够指望人和人之间能够达成协商公共决策型中所需要的沟通和理解。这样一来有效的协商公共决策型参与就把很多人排除在外了。一些协商公共决策型论者对此的回应是积极地承认这种有限性。在他们看来协商沟通只能对一些人有效，这些人自己的信念不能够有内在的矛盾，这些人也要看到他们对手的真心诚意，而且这些人还必须愿意做出让步。越多的集体成员具有这些公共素养，协商公共决策型的有效性就越大。有一些协商公共决策型论者持有更乐观的想法。他们认为通过协商人们会慢慢培养起协商的态度，或者说通过讲道理人们会慢慢地变得更加讲理。因为沟通和协商要求集体成员在公共的论坛上一起讨论和思考，这种行为会慢慢地帮助人们理清没有思考的问题，进一步地完善所需要的信息，同时为了使得自己更具有说服力，沟通的双方会更多地使用对方可以接受的理由，而这些理由一旦被表达出来，也就对双方产生了一些约束力。在双方不断的讨论当中，最后能够形成一致的直觉判断，在不停权衡彼此的观点之后，有可能最终达成有效的一致意见。协商公共决策型论者认为，这其实是在群体的层面上实现了反思平衡，而群体作出的最终决定也就更具理性。

在这里，我将试图对其中一些批评作出回应，并希望通过这些答复在某种程度上进一步澄清我的立场。

首先，可能有人会质疑，当像责任这样有规范争议的观点留待集体讨论决定时，人们怎么能确定结果在道德上是站得住脚的呢？协商讨论是由各种参与者以各种方式进行的。协商结果可能偏离正常的正当基础，会有多种可能原因导致它失败。例如，当个人狭隘地关注自己的私人利益，坚持拒绝承诺理性和公正的价值，并试图通过雄辩和煽动在谈话中操纵他人，而不是平等、自由和公开地推理时，集体协商会给出问题重重的决定。协商公共决策的批评者已经提出了许多可能的情况和办法使得公众意见的交换最终成为操纵性的，而不是协商性的。讨论各方可能会因相关信息的不对称共享、修辞的不合理以及话语权的不公平和任意分配而遭受损失。通过集体协商交流，人们会被诱导而持有不准确的信念，并被操纵去拥有不符合自己利益的偏好。尽管协商型决策模型的支持者相信协商可以将人们转变成更好的集体成员，但令人担忧的是，协商也可能"降低主体对自身能力的感知，或者强加给他们一种与他或她的实际需求和利益不一致的自我意识"。虚假的偏好和身份可以通过群体互动和交流来得到创造和培养，从而让集体中的某些成员操纵和支配公共话语，让各方的特殊利益来取代真正的公共利益。

协商公共决策的支持者提出将操纵民意排除在合法协商之外的解决方案，这种方案通常分为两类。第一类是罗尔斯提出的"理性讨论的知觉"的概念，它建议排除小组讨论中不合理的观点或行为。那些由自身利益驱动、被偏见蒙蔽和被意识形态偏见所蒙蔽的考虑是不被公众讨论和辩论合理接受的。只有合理的论点才允许出现在公众讨论的领域。第二类防止协商出现问题的办法是程序性的。哈贝马斯提出了一个早期的建议，即"理想的对话情境"。根据这种方法，当公共话语的规则被恰当地设定，并且人们可以自由、平等、理性地相互交谈时，在理想的话语环境中发挥作用的力量将是更好的理性力量。理想的演讲环境应该是一个空间，在这个空间里，所有有关方面的声音都被发出，得到倾听，没有任何论点被武断地排除在考虑之外，只有更好的论点的力量占优势。如果一个理想的话语情境得以实现，协商讨论得以成功进行，那么它将在所有人都能接受的理由的基础上达成共识，由此产生的协议将获得其规范性和合法性。当各方在集体协商期间进行沟通以寻求说服对方时，在某种意义上，沟通将使对话者在提出相关主张和立场时对合理性的价值做出了承诺。即使一方参与讨论的目的是推进自己的私人利益或有偏见的提议，她也必须求助于群体共有的理由和价值观来证明她的提议是正确的。随着时间的推移，规范性和合理性将不再仅仅是口头上的说说而已，而是将参与者与真正的责任联系在一起。

　　总之，批评者对集体协商做集体决策的合法性和规范性提出了质疑，因为自私、有偏见和控制欲强的参与者可能会以恶劣的方式推进集体协商。而这里的答案是，协商讨论可以用多种方式解决这些问题，比如建立一个标准，排除不正当的考虑，这样私人利益和偏见的判断就不会发挥作用。又或者，保持一种理想的交流环境，在这种环境中，理性的争论是公共话语中唯一起作用的力量。在决定集体责任及其在集体内的分配时，希望通过成功的集体协商，建立起对责任归属和分配的规则，这种结果可以被所有成员视为可接受的，并成为进一步集体决策和行动的坚实基础。

我想要回应的第二个挑战是价值多元化挑战，也可以说是社会文化多元主义的挑战。假设一个集体有一个运作良好的协商机制，保护协商不受操纵和扭曲，通过这一协商机制产生的协议将被视为合法和规范的。如果协商公共决策主义者是对的，当这种集体决策机制在公共生活中建立并运作时，它将在社会中形成共识，找到并界定公共生活和道德真理，并促进对那些其文化和世界观与我们不同的人的尊重。然而，协商公共决策更深层次的问题是，即使排除了不正当的考虑，建立了理想的程序，该集体是否能够在道德冲突和价值观多样性的背景下达成共识。

一些协商公共决策的反对者认为，公众协商的作用被夸大了。怀疑主义可以表现为一种两难境地：对价值多元化的讨论要么是不必要的，要么是无益的。一方面，当涉及特定的规范性问题时，如果公众观点中存在根本冲突和不同的价值观和判断，即使具备所有理想和有利的条件，协商也不会产生集体共识，也不会提出各方都能接受的解决办法。另一方面，如果没有这种持续存在的价值冲突，不需要理想的互动情况和有效的运作程序，其他集体决策机制也可以产生与通过公众协商产生的共识一样合法的共识，而且可能更有效率。光说不练本身对解决基本的规范性问题没有多大帮助。正如绍尔所说，"话语只是更好地体现了，而不是超越了，我们集体存在的美德和病态"①。

这种怀疑论给我的主张带来了许多挑战。在前几章中，一个有规范争议的概念，其正当性和真实性在很大程度上取决于具体的社会文化背景。事实上，对责任的理解已被证明是不同社会和文化传统中的一种不同现象。泰穆勒·索姆斯在他的著作《相对正义》中提供了一幅图景，展示了人类在不同文化和历史中对道

---

① Frederick Schauer, "Discourse and Its Discontents", *Notre Dame Law Review*, Vol. 72, p. 1313.

德责任的不同看法。对责任的不同理解不能解释为"非理性、迷信、概念模糊或无知"的产物。更有可能的是，我们永远不会就道德责任的标准达成一致，"即使在理性的理想条件下"。"没有一套普遍适用的道德责任条件，因此没有一种道德责任理论是客观正确的。"① 在这个议题上，我们不难想象多元主义的挑战有多现实，多有力。想象一下，一个协商小组由斯特劳森、法兰克福和帕菲特组成。该小组很难提出一个所有决策方都能接受的道德责任标准。在一群哲学家中间，即使他们处在一个高度同质的社区里，每个对话者都或多或少地拥有同等的协商和辩论权力，并且可能比任何其他社会群体都更加尊重理性和理由，但依然很难就责任的确定达成共识。正如索姆斯所指出的，在现实生活的集体实践中，协商通常在来自截然不同的社会环境的人们之间进行。比如，荣誉文化传统中的人发现自己很难理解和证明集体责任的正当性，而来自羞耻文化社会的成员发现，他们直觉上很自然地将责备与社会不赞同联系起来，并对他们几乎无法或根本无法控制的公共行为负责。这两种文化传统背后所体现的在集体责任观念上的差别几乎不可能用集体协商方式解决。关于集体责任概念的分歧并不反映协商各方的简单误解，或仅仅是因为缺乏信息，而是反映了深入我们规范认知结构的冲突价值观的不可调和性。

我不打算否认人们对集体责任的看法存在根本分歧。我也承认，很有可能，即使在列出相关事实、讨论合法考虑并严格遵守协商程序之后，通过集体协商，参与者可能依然无法就集体责任的确定和分配达成任何共识或协议。那么，面对多元化的批评，集体协商又如何帮助我们更好地达成对集体责任的理解呢？

解决上述问题的答案由两部分组成。第一部分请我们重新审

---

① Tamler Sommers, *Relative Justice*, Prince University Press, 2012, p. 65.

视协商型公共决策模型的局限性，即什么样的目标能够通过协商公共决策模型实现，什么样的目标不能实现。第二部分是去考虑无论其局限性如何，协商公共决策是否还有其他的规范意义。

诚然，协商可以通过争论、谈判和妥协来改变先前存在的分歧。正如詹姆斯·波曼（James Bohman）在他的调查文章中所解释的，"协商的目标是达成共识，即所有受决策影响的人的一致意见"[①]。然而，许多协商公共决策学者也认识到，实际的集体协商很少产生共识。例如，卡斯·桑斯坦（Cass Sunstein）观察到，协商有时会导致群体极化，这种情况是"协商群体的成员可以预见地朝着比协商发生之前更极端的方向移动"[②]。对要回应这种反对意见的答复，我们要看到协商公共决策在解决道德信仰和价值观的根本冲突方面能力有限。在对道德的基本真理进行真正的集体讨论后，人们可能会意识到他们的共同点比最初想象的要少。然而，通过协商揭示的公共生活中的道德差异和冲突不应被视为公共选择实践中的单纯障碍。相反，正是价值观和信仰上的持续冲突使公共选择得以持续和必要。我甚至要说，要求协商能够在任何时候都保证任何关于公共安排的决定保持一致，这既不现实也不可取。现在，我们已经清楚地表明，协商一致的结果不一定是协商公共决策能够在价值多元化的背景下提供的东西，我们准备开始回答问题的第二部分：如果集体协商的结果不能为所有参与者所接受，那么作为集体决策机制，集体协商有什么规范意义？

让我把我对集体协商的辩护分成两部分。首先，我想说的是，无论集体协商是否产生共识，它在规范话语中都有积极的意义，而且无论是否达成一致，它的积极作用都是不同的。我将使

---

① James Bohman, *Deliberative democracy: essays on reason and politics*, MIT Press. 1997. p. 648.

② Cass Sunstein, "The Law of Group Polarization", *Journal of Political Philosophy*, 2002, p. 81.

用一个关于集体责任的假设性小组讨论来证明我的观点。假设所有协商参与者在确定某一行动的集体责任方面有一个共同立场，那么，他们对不同道德观点和立场的相互考虑后商定的责任归属和分配规则，比当他们对相互竞争的观点和利益进行战略计算后产生的规则，更为合理。相互认同的人之间的共同协商揭示了他们共有的实质性信念和判断。参与者同意集体责任的规定，通过协商而更加清楚地意识到确切的共同原因，并知道他们作为一个群体共同承诺的确切的共同价值观。即使参与者在同意集体决策之前总是有很多共同之处，这种增强的接受和相互理解也是必要和有价值的。

正如我早些时候指出的那样，在参与者对集体责任的理解缺乏这种共识时，协商讨论不会产生一致意见或共识。群体协商的价值和意义不在于为某些不存在的公共价值观或共有的理由背书。只有产生理性的分歧，人们才会了解他们不同意的确切观点和原因。不仅同意需要理由，分歧也需要认同和理由。公共决策恰恰开始于这个时刻，此时人们需要通过抑制、改善、容忍、解决或改变来应对最基本层面上不可通约的冲突和差异。正如本杰明·巴伯（Benjmin Barber）雄辩地指出："公共决策上的选择和行动就是负责任地、合理地、公开地选择和行动，而没有独立的协商一致的准则的指导。只要有一定的知识、真正的科学或绝对的权利，就不会有无法通过引用真理的统一来解决的冲突，因此就没有公共生活的必要……公共生活只关心那些真理尚不为人知的领域。"① 换句话说，集体协商是必要的，特别是当集体责任的道德真理尚不为人所知的时刻。

我们必须注意到的是，作为一个新兴的理论，协商公共决策型制度还在寻找自己的定位。近年来，提倡协商公共决策型制度

---

① Benjamin Barber, *Strong Democracy*, University of California Press. 2003. p. 129.

的学者都在对自己的理论和政治实践做进一步的调整和修改。协商公共决策型理论在不同的哲学家那里也就呈现出不尽相同的面貌。在协商公共决策型理论的帮助下，当代哲学家和社会科学家开始对公共决策型实践做根本的反思。公共决策型理论开始与几百年前传统的政治价值保持一定的距离，在哲学的讨论上越来越获得它的独立性和自主性。脱离了价值观和意识形态的束缚，对公共决策型的理解，和越来越多的其他学科的研究结合起来。比如协商公共决策型把社会心理学、公共决策理论、性别学等新兴学科都带入人们的政治行为研究当中，这使得对公共决策型的研究得到更丰富的科学支持，而不再是意识形态和价值观的争论。在这些争议当中，协商公共决策型的讨论其实已经超越了传统的公共决策型理论之间的对立状态，之前种种的关于公共决策型的工具或者本质价值的争论，关于公共决策型的薄厚之间的争论，在协商公共决策理论这里都被放到了对话的框架之内。一个合法的公共生活，在协商主义者看来，是一个不断生成的过程。在这个过程中，文化多元流动的大众意见被不断地通过协商得到实现，而协商的过程也不断地反过来影响大众的公共理念。

参考文献

Arrow, K. J. (1970), *Social choice and individual values*, vol. 12, Yale University press.

Barber, B. (2003), *Strong Democracy*, University of California Press.

Barry, B. (1991), *Essays in Political Theory: Democracy and power*, Clarendon Press.

Benhabib, S. (1996), Toward a deliberative model of democratic legitimacy. *Democracy and difference: Contesting the boundaries of the political*, 67 – 94.

Besson, S. & Marti, J. L. (2006), *Deliberative Democracy And Its Discontents*, Ashgate Publishing, Ltd.

Bianchi, G. (2008), Introducing Deliberative Democracy: A Goal, a Tool, or Just a Context? *Human Affairs: A Postdisciplinary Journal for Humanities and Social Sciences*, 18 (1), 100 – 106.

Bohman, J. (2006), Deliberative Democracy and the Epistemic Benefits of Diversity, *Episteme: A Journal of Social Epistemology*, 3 (3), 175 – 191.

Bohman, J. (2009), Epistemic Value and Deliberative Democracy, *The Good Society*, 18 (2), 28 – 34.

Bohman, J. F. & Rehg, W. (1997), *Deliberative democracy:*

essays on reason and politics. MIT Press.

Bratman, M. (1999), *Faces of Intention: Selected Essays on Intention and Agency*, Cambridge University Press.

Bratman, M. (1993), Shared intention. *Ethics*, 104 (1), 97 – 113.

Bratman, M. E. (2006), Dynamics of Sociality. *Midwest Studies In Philosophy*, 30 (1), 1 – 15.

Buchanan, A. (2003), *Justice, Legitimacy, and Self – Determination?: Moral Foundations for International Law: Moral Foundations for International Law*, Oxford University Press.

Buchanan, A. (2004), Political Liberalism and Social Epistemology, *Philosophy & Public Affairs*, 32 (2), 95 – 130.

Cerny, P. G. (1995), Globalization and the changing *log*ic of collective action, *International organization*, 49 (4), 595 – 625.

Christiano, T. (1995), Voting and Democracy, *Canadian Journal of Philosophy*, 25 (3), 395 – 414.

Cohen, J. (1997), Procedure and sub*sta*nce in deliberative democracy. *Deliberative Democracy: Essays on Reason and Politics*, MIT Press, Cambridge, 407 – 437.

Cohen, Joshua. (1989), Deliberation and democratic legitimacy, *Debates in Contemporary Political Philosophy*, 342.

Copp, by D. (2011), Reasonable Acceptability and Democratic Legitimacy, *Ethics*, 121 (2), 239 – 269.

Copp, D., Hampton, J. & Roemer, J. E. (1995), *The Idea of Democracy*, CUP Archive.

Crocker, D. A. (2006), Ethics of Global Development: Agency, Capability, and Deliberative Democracy: An Introduction. *Philosophy and Public Policy Quarterly*, 26 (1 – 2), 21 – 27.

Dewey, J. (2012), *The Public and Its Problems: An Essay in Political Inquiry*, Penn State Press.

Dryzek, J & List, C. (2003), Social Choice Theory and Deliberative Democracy: A Reconciliation, *British Journal of Political Science*, 33 (1), 1 –28.

Estlund, D. (2011), Reply to Copp, Gaus, Richardson, and Edmundson, *Ethics*, 121 (2), 354 –389.

Estlund, D. (1990), Democracy without preference, *The Philosophical Review*, 99 (3), 397 –423

Farrelly, C. (2003), *Contemporary Political Theory: A Reader.* SAGE.

Frankfurt, H. G. (2005), What we are morally responsible for, *Free Will: Libertarianism, alternative possibilities, and moral responsibility*, 3, 280.

Freeman, S. (2005), Deliberative democracy: A sympathetic comment, *Philosophy & public affairs*, 29 (4), 371 –418.

French, P. A. (1979), The corporation as a moral person, *American Philosophical Quarterly*, 207 –215.

French, P. A. (1984), *Collective and corporate responsibility*, Columbia University Press New York.

Fung, A. (2005), Deliberation before the Revolution: Toward an Ethics of Deliberative Democracy in an Unjust World, *Political Theory: An International Journal of Political Philosophy*, 33 (3), 397 –419.

Gambetta, D. (1998), " Claro!": *an essay on discursive machismo*, Cambridge University Press.

Gehrlein, W. V. & Lepelley, D. (2011), *Voting Paradoxes and Group Coherence*, Springer.

Gibbard, A. (1973), Manipulation of Voting Schemes: A General Result. *Econometrica*, 41 (4), 587 – 601.

Gilbert, M. (1990), Walking together: A paradigmatic social phenomenon, *Midwest Studies in Philosophy*, 15 (1), 1 – 14.

Gilbert, M. (2006a), Rationality in collective action, *Philosophy of the social sciences*, 36 (1), 3 – 17.

Gilbert, M. (2006b), *A theory of political obligation: Membership, commitment, and the bonds of society*, Clarendon Press Oxford.

Glover, J. (1975), It Makes no Difference Whether or Not I Do It, *Proceedings of the Aristotelian Society, Supplementary Volumes*, 49, 171 – 209.

Goldman, A. I. (1994), Argumentation and Social Epistemology, *The Journal of Philosophy*, 91 (1), 27 – 49.

Gomperz, H. (1939), Individual, collective, and social responsibility, *Ethics* 49 (3), 329 – 342.

Green, J. M. (2006), Pluralism and deliberative democracy: A Pragmatist Approach, *In A Companion to Pragmatism*. Malden MA: Blackwell Publishing.

Habermas, J. (1995), Reconciliation through the public use of reason: remarks on John Rawls's political liberalism, *The journal of philosophy*, 109 – 131.

Habermas, J. (2006), Three normative models of democracy. *Constellations*, 1 (1), 1 – 10.

Hall, C. (2007), Recognizing the Passion in Deliberation: Toward a More Democratic Theory of Deliberative Democracy, *Hypatia: A Journal of Feminist Philosophy*, 22 (4), 81 – 95.

Hardin, R. (1993), Public choice versus democracy, *The Idea of Democracy*, Cambridge University Press, 157 – 172.

Hedahl, M. (2013), The Collective Fallacy: The Possibility of

Irreducibly Collective Action without Corresponding Collective Moral Responsibility. *Philosophy of the Social Sciences.*

Jackson, F. (1987), Group morality, *Metaphysics and morality: essays in honour of JJC Smart*, 91 – 110. Blackwell Publishing.

Knight, J. & Johnson, J. (1994), Aggregation and Deliberation: On the Possibility of Democratic Legitimacy, *Political Theory*, 22 (2), 277 – 296.

Kuper, A. (2005), *Global responsibilities: who must deliver on human rights?* Routledge New York.

Kutz, C. (2002), The collective work of citizenship, *Legal Theory*, 8 (04), 471 – 494.

Kutz, C. (2007), *Complicity: Ethics and Law for a Collective Age*, Cambridge University Press.

Landemore, H. (2012), *Democratic Reason: Politics, Collective Intelligence, and the Rule of the Many*, Princeton University Press.

Latane, B. & Darley, J. M. (1969), "Bystander Apathy", *American Scientist*, 57 (2), 244 – 268.

Lewis, H. D. (1948), Collective Responsibility, *Philosophy*, 23 (84), 3 – 18.

Mackenzie, C. (2006), Imagining Other Lives, *Philosophical Papers*, 35 (3), 293 – 325.

Mansbridge, J. J. (Ed.) (1990), *Beyond Self – Interest*, Chicago: University of Chicago Press.

Markovits, E. (2006), The Trouble with Being Earnest: Deliberative Democracy and the Sincerity Norm, *Journal of Political Philosophy*, 14 (3), 249 – 269.

Matravers, D. & Pike, J. (2002), *Debates in Contemporary Political Philosophy: An Anthology*, Routledge.

May, L. & Hoffman, S. (1991), *Collective Responsibility: Five Decades of Debate in Theoretical and Applied Ethics*, Rowman & Little-field.

McAfee, N. (2009), On Democracy's Epistemic Value, *The Good Society*, 18 (2), 41 –47.

McMahon, C. (2001), *Collective Rationality and Collective Reasoning*, Cambridge University Press.

McMahon, C. (2009), *Reasonable Disagreement: A Theory of Political Morality* (1st ed.), Cambridge University Press.

Michelman, F. (1997), How can the people ever make the laws? A critique of deliberative democracy, *Deliberative democracy: Essays on reason and politics*, 145 –171.

Miller, D. (2001), Distributing responsibilities, *Journal of political philosophy*, 9 (4), 453 –471.

Miller, David. (1992), Deliberative Democracy and Social Choice, *Political Studies*, 40, 54 –67.

Miller, S. (2010), *The Moral Foundations of Social Institutions: A Philosophical Study*, Cambridge University Press.

Misak, C. (2002), *Truth, Politics, Morality: Pragmatism and Deliberation*. Routledge Press.

Mouffe, C. (1999), Deliberative democracy or agonistic pluralism? *Social research*, 745 –758.

Munro, D. (2007), Norms, Motives and Radical Democracy: Habermas and the Problem of Motivation, *Journal of Political Philosophy*, 15 (4), 447 –472.

Olson, M. (1965), *The logic of collective action: public goods and the theory of groups*. (Vol. 124), Harvard University Press.

Pasternak, A. (2011), The Collective Responsibility of Democratic Publics, *Canadian Journal of Philosophy*, 41 (1), 99 – 123.

Peter, F. (2007), Democratic Legitimacy and Proceduralist Social Epistemology, *Politics, Philosophy and Economics*, 6 (3), 329 – 353.

Pettit, P. (2007), Responsibility Incorporated, *Ethics*, 117 (2), 171 – 201.

Rai, S. M. (2007), Deliberative Democracy and the Politics of Redistribution: The Case of the Indian "Panchayats", *Hypatia: A Journal of Feminist Philosophy*, 22 (4), 64 – 80.

Rawls, J. (1989), Domain of the Political and Overlapping Consensus, *The New York University Law Review*, 64, 233.

Riker, W. H. (1982), *Liberalism Against Populism: A Confrontation Between the Theory of Democracy and the Theory of Social Choice*, Waveland Press.

Rosenberg, S. W. (2007), Rethinking Democratic Deliberation: The Limits and Potential of Citizen Participation, *Polity*, 39 (3), 335 – 360.

Schauer, F. (1996), Discourse and its Discontents, *Notre Dame L. Rev.*, 72, 1309.

Scheffler, S. (2001), *Boundaries and allegiances: Problems of justice and responsibility in liberal thought*, Oxford University Press Oxford.

Searing, D. D., Solt, F., Conover, P. J. & Crewe, I. (2007), Public Discussion in the Deliberative System: Does It Make Better Citizens? *British Journal of Political Science*, 37 (4), 587 – 618.

Searle, J. R. (1993), The Problem of Consciousness, *Social Research*, 60 (1), 3 – 16.

Sen, A. K. (1999), Democracy as a Universal Value, *Journal of Democracy*, 10 (3), 3 – 17.

Sher, G. (2009), *Who knew?: responsibility without awareness*, New York: Oxford University Press.

Sommers, T. (2012), *Relative justice*, Princeton: Princeton University Press.

Teorell, J. (2006), Political participation and three theories of democracy: A research inventory and agenda, *European Journal of Political Research*, 45 (5), 787 – 810.

Vanderveen, Z. (2007), Pragmatism and Democratic Legitimacy: Beyond Minimalist Accounts of Deliberation, *Journal of Speculative Philosophy*, 21 (4), 243 – 258.

Velasquez, M. G. (1983), Why Corporations Are Not Morally Responsible for Anything They Do, *Business & Professional Ethics Journal*, 2 (3), 1 – 18.

Vitale, D. (2006), Between Deliberative and Participatory Democracy: A Contribution on Habermas, *Philosophy and Social Criticism*, 32 (6), 739 – 766.

Warren, M. E. (1992a), Democratic Theory and Self – Transformation, *The American Political Science Review*, 86 (1), 8 – 23.

Warren, M. E. (1993), Can Participatory Democracy Produce Better Selves? Psychological Dimensions of Habermas's Discursive Model of Democracy, *Political Psychology*, 14 (2), 209 – 234.

Warren, M. E. (1996a), Deliberative Democracy and Authority, *The American Political Science Review*, 90 (1), 46 – 60.

Warren, M. E. (1996b), What Should We Expect from More Democracy?: Radically Democratic Responses to Politics, *Political Theory*, 24 (2), 241 – 270.

Warren, M. E. (2006), What Should and Should Not Be Said:

Deliberating Sensitive Issues, *Journal of Social Philosophy*, 37 (2), 163 – 181.

Weithman, P. (2005), Deliberative Character, *Journal of Political Philosophy*, 13 (3), 263 – 283.

Young, I. M. (2002), *Inclusion und Democracy*, Oxford University Press.